普通高等教育"十二五"规划教材

建筑材料习题集

主　编　任淑霞　李宏斌

中国水利水电出版社
www.waterpub.com.cn

内 容 提 要

本书是教材《建筑材料》的辅助读物。本书按《建筑材料》教材的篇章：绪论，建筑材料的基本性质，无机胶凝材料，普通混凝土，建筑砂浆，砌体材料，建筑钢材，沥青及沥青混合料，木材，合成高分子材料，建筑功能材料等，给出各章习题及参考答案。每章习题有判断题、填空题、单选题、多选题、名词解释、问答题、计算题、案例分析等题型；并给出模拟试题4套及参考答案。

本书可供高等院校土木工程、水利水电工程、农业水利工程及其他土木建筑类专业作为专业基础课程学习参考和考研复习，亦可供函授、自学考试使用，并可供土木工程设计、施工、管理和监理等工程技术人员学习参考。

图书在版编目（CIP）数据

建筑材料习题集 / 任淑霞，李宏斌主编. -- 北京：中国水利水电出版社，2013.5(2025.3重印).
 普通高等教育"十二五"规划教材
 ISBN 978-7-5170-0874-3

Ⅰ. ①建… Ⅱ. ①任… ②李… Ⅲ. ①建筑材料－高等学校－习题集 Ⅳ. ①TU5-44

中国版本图书馆CIP数据核字(2013)第099369号

书　　名	普通高等教育"十二五"规划教材 **建筑材料习题集**
作　　者	主编　任淑霞　李宏斌
出版发行	中国水利水电出版社 （北京市海淀区玉渊潭南路1号D座　100038） 网址：www.waterpub.com.cn E-mail：sales@mwr.gov.cn 电话：（010）68545888（营销中心）
经　　售	北京科水图书销售有限公司 电话：（010）68545874、63202643 全国各地新华书店和相关出版物销售网点
排　　版	中国水利水电出版社微机排版中心
印　　刷	天津嘉恒印务有限公司
规　　格	184mm×260mm　16开本　8印张　190千字
版　　次	2013年5月第1版　2025年3月第6次印刷
印　　数	11001—13000册
定　　价	**28.00元**

凡购买我社图书，如有缺页、倒页、脱页的，本社营销中心负责调换
版权所有·侵权必究

前　言

　　《建筑材料》是高等院校土木工程、水利水电工程、农业水利工程及其他土木建筑类专业必修的专业基础课程。由于该课程所涉及的教学内容繁多，各章节之间的连贯性、系统性较差，且不同品种建筑材料性能各异、实践性强，同学们在学习过程中普遍反应不易掌握。为了便于读者能更好地掌握《建筑材料》的内容，更好地培养读者分析问题和解决工程实际问题的能力，按照中国水利水电出版社普通高等教育"十二五"规划教材的安排，组织编写了本书《建筑材料习题集》。

　　在本书编写中，作者结合多年从事建筑材料教学、研究之经验，并参考了近几年有关的教材和习题集。在选题方面，力求题目具有典型性、代表性，能对读者起到举一反三、触类旁通的作用。本书题型多样、内容丰富，几乎涵盖了《建筑材料》教材中的所有知识点，并尽可能做到系统而全面。习题集每章都附有参考答案，以帮助读者更好地理解基本概念、基本原理，从而提高读者分析问题、解决问题的能力。

　　本书由山东农业大学任淑霞、河北农业大学李宏斌担任主编，新疆塔里木大学朱连勇、四川农业大学胡建、曾赟和中国农业大学彭红涛担任副主编。编写分工为：任淑霞编写绪论、第二章、第九章；李宏斌编写第一章、第三章的第一节至第三节；朱连勇编写第四章、第八章、第十章；胡建编写第三章的第四节、第五节及第五章；彭红涛编写第六章；曾赟编写第七章。全书由任淑霞统稿。

　　本书引用了一些现有的教材及习题集，在此谨向原编著者致谢。

　　由于编写时间短促，加上编者水平有限，书中如有疏漏、缺点及错误，恳请读者及同行予以指正。

编者

2013 年 2 月

目　录

前言

绪论 ··· 1
　一、填空题 ·· 1
　二、问答题 ·· 1
　绪论　参考答案 ·· 1

第一章　建筑材料的基本性质 ·· 2
　一、判断题 ·· 2
　二、填空题 ·· 2
　三、多选题 ·· 3
　四、名词解释 ··· 4
　五、问答题 ·· 4
　六、计算题 ·· 5
　　第一章　参考答案 ·· 5

第二章　无机胶凝材料 ·· 9
　一、判断题 ·· 9
　二、填空题 ·· 9
　三、单选题 ··· 11
　四、多选题 ··· 15
　五、名词解释 ·· 16
　六、问答题 ··· 16
　七、计算题 ··· 17
　八、案例分析 ·· 17
　　第二章　参考答案 ··· 18

第三章　普通混凝土 ·· 24
　一、判断题 ··· 24
　二、填空题 ··· 25
　三、单选题 ··· 26
　四、多选题 ··· 27
　五、名词解释 ·· 29

六、问答题 ………………………………………………………………… 30
七、计算题 ………………………………………………………………… 31
八、案例分析 ……………………………………………………………… 31
  第三章　参考答案 ………………………………………………………… 32

第四章　建筑砂浆 …………………………………………………………… 42
一、判断题 ………………………………………………………………… 42
二、填空题 ………………………………………………………………… 42
三、单选题 ………………………………………………………………… 43
四、多选题 ………………………………………………………………… 43
五、名词解释 ……………………………………………………………… 45
六、问答题 ………………………………………………………………… 45
七、计算题 ………………………………………………………………… 45
  第四章　参考答案 ………………………………………………………… 45

第五章　砌体材料 …………………………………………………………… 48
一、判断题 ………………………………………………………………… 48
二、填空题 ………………………………………………………………… 48
三、单选题 ………………………………………………………………… 49
四、名词解释 ……………………………………………………………… 50
五、问答题 ………………………………………………………………… 51
六、计算题 ………………………………………………………………… 51
七、案例分析 ……………………………………………………………… 51
  第五章　参考答案 ………………………………………………………… 51

第六章　建筑钢材 …………………………………………………………… 55
一、判断题 ………………………………………………………………… 55
二、填空题 ………………………………………………………………… 55
三、单选题 ………………………………………………………………… 56
四、多选题 ………………………………………………………………… 57
五、名词解释 ……………………………………………………………… 58
六、问答题 ………………………………………………………………… 58
七、案例分析 ……………………………………………………………… 59
  第六章　参考答案 ………………………………………………………… 59

第七章　沥青及沥青混合料 ………………………………………………… 63
一、判断题 ………………………………………………………………… 63
二、填空题 ………………………………………………………………… 64
三、单选题 ………………………………………………………………… 65
四、多选题 ………………………………………………………………… 68
五、名词解释 ……………………………………………………………… 68
六、问答题 ………………………………………………………………… 69
七、计算题 ………………………………………………………………… 69

  八、案例分析 70
  第七章　参考答案 71

第八章　木材 81
  一、判断题 81
  二、填空题 81
  三、单选题 82
  四、多选题 83
  五、名词解释 83
  六、问答题 84
  七、计算题 84
  第八章　参考答案 84

第九章　合成高分子材料 87
  一、判断题 87
  二、填空题 87
  三、单选题 87
  四、多选题 87
  五、名词解释 88
  六、问答题 88
  七、案例分析 88
  第九章　参考答案 88

第十章　建筑功能材料 90
  一、判断题 90
  二、填空题 91
  三、单选题 91
  四、多选题 93
  五、名词解释 93
  六、问答题 94
  第十章　参考答案 94

《建筑材料》模拟试题一 98
  试题一　参考答案及评分标准 101
《建筑材料》模拟试题二 104
  试题二　参考答案及评分标准 108
《建筑材料》模拟试题三 112
  试题三　参考答案及评分标准 115
《建筑材料》模拟试题四 117
  试题四　参考答案及评分标准 119

参考文献 122

绪 论

一、填空题

1. 建筑材料是建筑工程中使用的各种_____和_____的总称,是构成一切建筑物的_____。
2. 按化学组成的不同,建筑材料可分为_____、_____和_____材料三类。
3. 按使用功能的不同,建筑材料可分为_____、_____和_____材料三类。
4. 我国建筑材料的技术标准分为_____、_____、_____和_____标准。
5. 国家强制性标准的代号是_____,国家推荐性标准的代号是_____。
6. 我国建材行业标准和建设部行业标准的代号分别是_____和_____。
7. 国际标准和美国材料试验学会标准的代号分别是_____和_____。

二、问答题

1. 简述无机材料的分类。
2. 复合材料有哪些复合方式?

绪论 参 考 答 案

一、填空题

1. 材料、制品;物质基础
2. 无机、有机、复合
3. 结构、墙体、功能
4. 国家、行业、地方、企业
5. GB,GB/T
6. JC,JG
7. ISO,ASTM

二、问答题

1. 无机材料分为金属材料和非金属材料两大类。金属材料分为黑色金属和有色金属。非金属材料分为天然石材、烧土制品、胶凝材料及制品、玻璃、无机纤维材料、混凝土及硅酸盐制品等。

2. 复合材料有三种复合方式:①有机与无机非金属材料复合,如聚合物混凝土、玻璃纤维增强塑料、沥青混凝土等;②金属与无机非金属材料复合,如钢筋混凝土、钢纤维混凝土等;③金属与有机材料复合,如 PVC 钢板、有机涂层铝合金板等。

第一章 建筑材料的基本性质

一、判断题（正确的打√，错误的打×）

1. 材料的构造所描述的是相同材料或不同材料间的搭配与组合关系。（   ）
2. 材料的绝对密实体积是指固体材料的体积。（   ）
3. 所有建筑材料均要求孔隙率越低越好。（   ）
4. 材料吸湿达到饱和状态时的含水率即为吸水率。（   ）
5. 混凝土抗渗等级 P8 级表示材料能承受 8MPa 的水压而不渗水。（   ）
6. 若材料的强度高、变形能力大、软化系数小，则其抗冻性较高。（   ）
7. 建筑物的围护结构（墙体、屋盖）应选用导热性和热容量都小的材料。（   ）
8. 高强建筑钢材受外力作用产生的变形是弹性变形。（   ）
9. 同类材料，其孔隙率越大，保温隔热性能越好。（   ）
10. 温暖地区常采用抗冻性指标衡量材料抗风化能力。（   ）

二、填空题

1. 材料的组成包括材料的化学组成、矿物组成和_____组成。
2. 材料在微观结构层次上可分为晶体、玻璃体（非晶体）和_____体。
3. 材料的_____值大小能间接反映材料的密实程度，_____的大小直接反映材料的密实程度。
4. 材料的含水率是指材料所含水分的质量占_____的百分率。
5. 材料的软化系数越小，则材料的耐水性越_____。
6. 材料的抗渗系数越大，则材料的抗渗性越_____。
7. 混凝土的抗渗性常用_____表示，其符号为_____，其值越高，抗渗性越_____。
8. 材料的抗冻性用_____表示，其符号为_____，符号中的数字表示_____。
9. 材料的导热性用_____表示，其值越_____，绝热性越好。
10. 分析混凝土路面或大型建筑物纵向的温度变形，以确定_____的位置和宽度。
11. 材料受外力作用破坏时的极限应力值就是材料的_____。
12. 用来衡量结构材料轻质高强的指标是_____。
13. 钢结构或钢筋混凝土结构中，衡量材料抵抗变形能力的主要指标是_____。
14. 在外力作用下材料无明显的变形而突然破坏的性能称为_____。

15. 承受冲击荷载或有抗震要求的结构用材料，应具有较高的_____性能。

16. 材料按其是否被水润湿分为_____与_____两类。材料被水湿润的情况可用_____表示。

17. 材料在水中能吸收水分的性质称_____，用_____表示；材料在潮湿空气中吸收水分的性质称为_____，用_____表示。

18. 密度、表观密度、堆积密度分别是指材料在_____、_____、_____状态下单位体积的质量。

19. 环境对材料的破坏作用有_____、_____、_____和_____作用等。

三、多选题（选出两个以上正确答案）

1. 建筑材料的性质主要是由（   ）等因素决定的。
   A. 材料的组成　　　　　　　　　B. 材料的结构
   C. 材料的构造　　　　　　　　　D. 材料所处的环境条件
   E. 含水状态

2. 属于玻璃体的建筑材料有（   ）。
   A. 火山灰　　　　　　　　　　　B. 陶瓷
   C. 粉煤灰　　　　　　　　　　　D. 玻璃
   E. 水泥

3. 属于憎水性材料的建筑材料有（   ）。
   A. 沥青　　　　　　　　　　　　B. 砖
   C. 橡胶　　　　　　　　　　　　D. 塑料树脂
   E. 木材

4. 下列关于材料耐水性的描述，正确的是（   ）。
   A. 材料的耐水性用软化系数表示
   B. 软化系数越小，表示材料的耐水性越差
   C. 工程中将软化系数不低于 0.85 的材料称为耐水材料
   D. 优质钢材的软化系数为 1.0，其耐水性优于其他矿物质材料
   E. 不受流水作用的建筑材料可不考虑耐水性的要求

5. 材料抗冻等级的选择，应根据（   ）条件来决定。
   A. 结构物的种类　　　　　　　　B. 气候条件
   C. 结构物的使用要求　　　　　　D. 材料的强度
   E. 材料的种类

6. 下面的几种建筑材料中比普通混凝土的导热系数低的是（   ）。
   A. 冰　　　　　　　　　　　　　B. 泡沫塑料
   C. 密闭的空气　　　　　　　　　D. 松木
   E. 花岗岩

7. 下面的几种建筑材料中比普通混凝土的比热高的是（   ）。

A. 钢材　　　　　　　　　　B. 泡沫混凝土
C. 普通玻璃　　　　　　　　D. 水
E. 木材

8. 具有（　　）的材料，耐磨性好，可用于地面、路面工程。
A. 强度高　　　　　　　　　B. 密实性好
C. 硬度大　　　　　　　　　D. 韧性好
E. 塑性好

9. 组成成分相同的两种轻混凝土墙体材料，甲的表观密度是乙的 1/3，则可推知（　　）。
A. 甲的强度低于乙　　　　　B. 甲的绝热性高于乙
C. 乙的抗冻性高于甲　　　　D. 甲的耐水性高于乙
E. 无法判定

10. 材料的强度与材料的（　　）有关。
A. 材料的组成与结构　　　　B. 材料的含水状态及温度
C. 测试时试件的形状、尺寸　D. 试验加荷速度
E. 试件表面状态

四、名词解释

1. 耐水性
2. 抗渗性
3. 抗冻性
4. 导热性
5. 强度
6. 韧性
7. 耐久性

五、问答题

1. 基坑回填或路基夯实时，可通过取样测定表观密度，来评价夯实质量，请说明其原理。
2. 材料孔隙类型有哪些？孔隙对材料性质有何影响？
3. 拌制普通混凝土的砂，常将粗细颗粒经人工掺配后使用，其目的是什么？
4. 材料产生亲水性的原因是什么？憎水性材料在建筑工程中有哪些应用？
5. 花岗岩和普通黏土砖的吸水率分别为 0.1%～0.7% 和 8%～20%，分析其吸水率的差异，说明孔隙率和孔隙类型对吸水性的影响，并分析我国砖木结构旧民居常用石材做基础的原因。
6. 分析材料的吸水性或吸湿性对材料性能的不利影响。
7. 材料受冻破坏的主要原因是什么？材料提高抗冻性的根本途径是什么？
8. 处于温暖地区的建筑物，虽无冰冻作用，为什么也常对材料提出一定的抗冻性

要求？

9. 目前承重墙体材料多使用多孔砖和空心砌块，据此分析如何提高建筑材料的绝热性？在使用过程中保证绝热效能应注意什么？

10. 影响材料强度测试结果的试验条件有哪些？

11. 道路上的普通混凝土井盖在车辆碾压下经常断裂破碎，你认为应如何改进？

12. 观察银行柜台的防爆玻璃，分析改善玻璃脆性的方法。

13. 针对我国目前出现的大量"短寿"建筑，说明提高材料耐久性的主要措施和意义。

六、计算题

1. 将烘干砂样按规定方法装满 10L 的标准容积桶称得总质量为 16.4kg（桶重 2.0kg）。称取 300g 烘干砂样装入容量瓶中，注满水后称得总质量为 1754g，不加砂时容量瓶注满水的总质量为 1568g。计算砂的松散堆积密度、（近似）表观密度和空隙率。

2. 边长 100mm 的立方体混凝土试件，在干燥状态下的测得受压破坏荷载为 260kN，干燥质量 2.46kg，吸水饱和后测得质量为 2.58kg、受压破坏荷载为 229kN，计算混凝土的吸水率和软化系数，判断其能否用于水工建筑物。

3. 某种石灰岩密度为 2.70g/cm³，孔隙率为 1.5%，将其破碎为混凝土用碎石，其堆积密度测定为 1550kg/m³，求该石灰岩的表观密度和碎石的空隙率。

4. 配制混凝土的干砂计算用量为 480kg，现场测得砂的含水率为 3%，计算实际称取砂的质量。

5. 抗折强度试验的混凝土试件尺寸为 150mm×150mm×550mm，两支点间的间距为 450mm，测得跨中集中破坏荷载为 46kN，计算构件的抗折强度。

第一章 参 考 答 案

一、判断题

1. √ 2. √ 3. × 4. √ 5. ×
6. × 7. × 8. × 9. × 10. √

二、填空题

1. 相   2. 胶
3. 表观密度，孔隙率   4. 材料干燥质量
5. 差   6. 差
7. 抗渗等级，Pn，好   8. 抗冻等级，Fn，最大冻融循环次数
9. 导热系数；小   10. 温度伸缩缝
11. 强度   12. 比强度
13. 弹性模量   14. 脆性

15. 韧性 16. 亲水性材料，憎水性材料；润湿边角 θ
17. 吸水性，吸水率；吸湿性，含水率 18. 绝对密实、自然、自然堆积
19. 物理、化学、机械、生物

三、多选题

1. ABC   2. ABCDE   3. ACD   4. ABCD   5. ABC
6. BCD   7. BDE   8. ABC   9. ABC   10. ABCDE

四、名词解释

1. 耐水性：材料长期在水作用下不破坏，强度也不显著降低的性质称为耐水性。材料的耐水性用软化系数表示。

2. 抗渗性：材料抵抗压力水渗透的性质称为抗渗性。材料的抗渗性通常用渗透系数和抗渗等级表示。

3. 抗冻性：材料在吸水饱和状态下，经受多次冻融循环作用而不破坏，同时强度也不严重降低的性质称为材料的抗冻性。材料的抗冻性用抗冻等级表示。

4. 导热性：材料传导热量的能力称为导热性。材料的导热性用导热系数表示。

5. 强度：材料在外力作用下抵抗破坏的能力，称为材料的强度。强度以材料受外力破坏时单位面积上所承受的力的大小来表示。

6. 韧性：材料在冲击或振动荷载作用下，能吸收较大的能量，产生一定的变形而不破坏，这种性质称为韧性。

7. 耐久性：是指材料在使用过程中抵抗环境长期作用，并保持其原有性能而不破坏、不变质的能力。耐久性是材料的一项综合性质。

五、问答题

1. 表观密度可间接反映材料的密实程度。路基或地基夯实时，若夯实密实，通过切取土样，测定其实际表观密度，并与要求达到的表观密度值比较，即可评定其夯实质量。

2. 材料按孔隙的特征，可分为连通孔和封闭孔两种；按孔隙的尺寸大小，分为粗大、细小和极微细孔隙三种。

孔隙对材料性质的影响：应从孔隙率和孔隙类型两方面结合考虑。一般而言，孔隙率增大，则会降低材料的密实程度，表观密度减小，耐水性、抗渗性、抗冻性、强度、硬度、韧性均会减弱，但绝热性能提高、吸水性和吸湿性增大，反之亦然。当孔隙为粗大孔隙时，吸水率不会增大；当孔隙为与外界相通的开口连通孔隙时，导热性增大，绝热性降低。

3. 粗细颗粒搭配，小颗粒填充大颗粒空隙，减小总空隙体积，降低空隙率，以减少填充砂空隙的水泥浆数量，节约水泥。

4. 材料与水接触，材料与水分子之间的结合力大于水分子之间的内聚力时，材料被水所浸润，表现为亲水性。憎水性材料包括沥青、塑料、树脂、橡胶和石蜡等，常制成防水涂料、防水油膏和防水卷材，用于建筑物、构筑物的防潮、防水。

5. 普通黏土砖的吸水率远大于花岗岩，说明黏土砖的孔隙率大，并且有开口的连通孔隙。当材料的孔隙是连通的细小孔隙时，水分容易进入，并吸附在孔隙壁上，吸水率较大。

过去的房屋以石材做基础，甚至高出地面，是因为石材密实度高，吸水性小，能减弱潮湿土层中的水分沿砖墙向上传递，减少水分对墙体砖的风化侵蚀和冰冻破坏。

6. 材料吸水或吸湿后，含有水分，会降低材料质点间的联系，使强度降低。吸水性大，抗冻性差。受潮后，会增大导热系数，降低绝热性。

7. 材料受冻破坏的主要原因是：材料孔隙中充满水，结冰时体积膨胀，对孔壁产生冻胀应力，当冻胀应力超过材料的抗拉强度时，孔隙壁会破裂。经过反复冻融，裂隙延伸，导致材料受冻破坏。

提高抗冻性的根本途径是降低孔隙率，提高密实度，改善孔隙特征。

8. 温暖地区虽无冰冻作用，但要求有抗冻等级指标，实际是对材料抗风化能力提出要求，并且冻融试验易于进行。

9. 密闭空气的导热系数很低，多孔砖和空心砌块正是利用密闭的空气，通过增大孔洞率降低砖和砌块的导热性。所以说，增大孔隙率，可减小导热系数，提高保温隔热性能。

由于水，特别是冰的热导率高，材料若受潮或结冰，将大大增加导热性，降低绝热性。因此，对有保温隔热要求的建筑材料应做好防潮、防水及防冻，保持干燥状态。

10. 影响材料强度测试结果的试验条件有：

(1) 含水状态：含有水分的材料，其强度较干燥时低。

(2) 温度：温度升高，材料的强度将降低。

(3) 试件形状：例如棱柱体试件的强度低于正方体试件。

(4) 试件尺寸：小试件测得的强度高于大试件。

(5) 加荷速度：加荷速度快，测得强度值偏高。

(6) 试件表面状态：试件表面不平整或表面有润滑剂，测得强度值低。

11. 混凝土属于脆性材料，不能承受冲击或振动荷载。混凝土井盖易破碎，应提高其强度和抗冲击韧性，可适当增大配筋率，特别是掺加钢纤维，以及掺入聚合物。

12. 玻璃易破碎，但银行的安全玻璃是通过有机树脂胶片将几层钢化玻璃粘结在一起，有效提高了玻璃的抗击打能力。此外，也可在玻璃中加入钢丝网片来改善。

13. 意义：材料的质量不仅决定土木工程的安全，也决定着工程的使用寿命。采用耐久性良好的材料，能保证建筑物长期正常使用、减少维护维修费用、延长建筑物使用寿命，从而减少建筑材料的消耗，保护有限的自然资源，降低生产建筑材料的能耗和对环境的污染，符合可持续发展的要求。

提高措施：根据使用环境合理选择材料的品种；采取各种方法控制材料的孔隙率与孔隙特征；改善材料的表面状态，增强抵抗环境作用的能力。

六、计算题

1. 答案

松散堆积密度 $\rho_0' = \dfrac{m}{V_0'} = \dfrac{16.4 - 2.0}{10 \times 10^{-3}} = 1440$（kg/m³）

表观密度 $\rho_0 = \dfrac{m}{V_0} = \dfrac{300}{300+1568-1754} \times 1.0 = 2.63 \text{g/cm}^3 = 2630(\text{kg/m}^3)$

空隙率 $P' = \left(1 - \dfrac{\rho_0'}{\rho_0}\right) \times 100\% = \left(1 - \dfrac{1440}{2630}\right) \times 100\% = 45.2\%$

2. 答案

干燥状态的抗压强度 $f_{干} = \dfrac{F_{\max}}{A} = \dfrac{260 \times 10^3}{100 \times 100} = 26(\text{N/mm}^2)$

吸水饱和的抗压强度 $f_{饱} = \dfrac{F_{\max}}{A} = \dfrac{229 \times 10^3}{100 \times 100} = 22.9(\text{N/mm}^2)$

软化系数 $K_{软} = \dfrac{f_{饱}}{f_{干}} = \dfrac{22.9}{26} = 0.88$

因为 $K_{软} = 0.88 > 0.85$,可以用于水工建筑物

吸水率 $W_{质} = \dfrac{m_b - m_g}{m_g} \times 100\% = \dfrac{2.58 - 2.46}{2.46} \times 100\% = 4.9\%$

3. 答案

由孔隙率 $P = \left(1 - \dfrac{\rho_0}{\rho}\right) \times 100\%$ 可推知

$\rho_0 = (1 - 1.5\%) \times \rho = (1 - 0.015) \times 2.70 = 2.66 \text{g/cm}^3 = 2660(\text{kg/m}^3)$

空隙率 $P' = \left(1 - \dfrac{\rho_0'}{\rho_0}\right) \times 100\% = \left(1 - \dfrac{1550}{2660}\right) \times 100\% = 41.7\%$

4. 答案

实际砂的用量为 $480 \times (1 + 3\%) = 494.4(\text{kg})$

5. 答案

抗折强度 $f = \dfrac{3 F_{\max} L}{2bh^2} = \dfrac{46 \times 10^3 \times 450}{150 \times 150^2} \times \dfrac{3}{2} = 9.2(\text{N/mm}^2)$

第二章 无机胶凝材料

一、判断题（正确的打√，错误的打×）

1. 气硬性胶凝材料只能在空气中硬化，而水硬性胶凝材料只能在水中硬化。（ ）
2. 水硬性胶凝材料不但能在空气中硬化，且能在水中硬化，并保持和发展强度。（ ）
3. 生石灰的主要化学成分是CaO，熟石灰的主要化学成分是$Ca(OH)_2$。（ ）
4. 因为过火石灰消解缓慢，所以石灰膏在使用之前要进行陈伏。（ ）
5. 石灰陈伏时，需要在石灰膏表面保留一层水，其作用是为了防止石灰碳化。（ ）
6. 生石灰在空气中受潮消解为消石灰，并不影响使用。（ ）
7. 建筑石膏硬化后体积膨胀，因此可以单独使用。（ ）
8. 建筑石膏板因为其强度高，所以在装修时可用于潮湿环境中。（ ）
9. 水玻璃可以涂刷在石膏制品的表面，以提高石膏制品的耐久性。（ ）
10. 水玻璃的模数 n 值越大，其在水中的溶解度就越大。（ ）
11. 水泥中掺入石膏量愈大，缓凝效果愈明显。（ ）
12. 硅酸盐水泥的细度越细越好。（ ）
13. 水泥终凝时间是指从水泥加水至水泥浆完全失去可塑性为止所需要的时间。（ ）
14. 国家标准规定，普通硅酸盐水泥初凝不早于45min，终凝不迟于390min。（ ）
15. 用沸煮法可以全面检验硅酸盐水泥的体积安定性是否良好。（ ）
16. 硅酸盐水泥强度高，适用于水库大坝混凝土工程。（ ）
17. 铝酸盐水泥能与石灰或硅酸盐水泥混合使用。（ ）
18. 因为水泥是水硬性胶凝材料，故运输和储存时不怕受潮和淋湿。（ ）

二、填空题

1. 胶凝材料根据其化学组成，可分为_____胶凝材料和_____胶凝材料两大类。
2. 生产石灰的主要原料是以_____为主要成分的天然岩石。
3. 建筑生石灰按氧化镁含量的多少，可分为_____和_____两类。
4. 生石灰的主要化学成分是_____，熟石灰的主要化学成分是_____。石灰熟化时释放出大量_____，体积发生_____；石灰硬化时体积产生明显_____。

5. 为了消除_____的危害，石灰浆应在储灰坑中"_____"两周以上。
6. 石灰的硬化过程包括_____作用和_____作用两个同时进行的过程。
7. 评价石灰质量好坏的主要指标是有效_____和_____的含量。
8. 二水石膏根据脱水条件的不同，可得到_____型和_____型两种不同的半水石膏；前者通常称为_____，后者称为_____。
9. 建筑石膏的化学成分是_____，其硬化特点是凝结硬化_____，凝结硬化时体积略_____。
10. 建筑石膏硬化后孔隙率_____，石膏制品强度_____，保温隔热性能_____，吸声性_____，耐水性和抗冻性_____。
11. 水玻璃的模数 n 越大，其溶于水的温度越_____，凝聚力越_____。建筑工程中常用水玻璃的模数 $n=$_____。
12. 水玻璃在空气中吸收_____，生成无定型_____，因干燥而逐渐硬化；其硬化过程十分_____，为了加速水玻璃的硬化，常加入适量的_____作为促硬剂。
13. 镁质胶凝材料又称_____，其主要化学成分为_____。
14. 水泥按组成成分可分为_____类水泥、_____类水泥、_____类水泥和_____类水泥等。
15. 水泥按性能及用途可分为_____水泥、_____水泥和_____水泥三类。
16. 通用硅酸盐水泥是指以_____和适量的_____及规定的混合材料制成的_____性胶凝材料。
17. 通用硅酸盐水泥按混合材料的品种和掺量分为_____水泥、_____水泥、_____水泥、_____水泥、_____水泥和_____水泥六种。
18. 生产通用硅酸盐水泥的原料主要有_____、_____和_____三类；其生产工艺可以概括为"_____"。
19. 硅酸盐水泥熟料的主要矿物组成有_____、_____、_____和_____四种；分别可缩写为_____、_____、_____和_____。
20. 在水泥熟料中掺加一定量的混合材料，目的是为了改善水泥的_____、调节水泥的_____、节约水泥_____、提高水泥_____、降低水泥_____、利用_____等。
21. 水泥中的混合材料按性能不同，可分为_____、_____和_____三类。水泥中常掺的活性混合材料有_____、_____和_____等。
22. 国家标准规定：硅酸盐水泥和普通硅酸盐水泥的细度以_____表示，其不小于_____ m²/kg；其余四种硅酸盐水泥的细度以_____表示，其 80μm 方孔筛筛余不大于_____或 45μm 方孔筛筛余不大于_____。
23. 通用硅酸盐水泥的技术要求中_____和_____是选择性指标。
24. 水泥的凝结时间在施工中具有重要意义，分为_____和_____，前者不宜_____，后者不宜_____。

25. 国家标准规定：硅酸盐水泥的初凝时间不小于_____、终凝时间不大于_____；普通硅酸盐水泥的终凝不大于_____。

26. 国家标准规定：水泥的安定性可采用_____法检验必须合格，具体方法包括_____法和_____法两种。

27. 水泥的强度是指水泥_____能力的大小，是评价水泥质量的重要指标，也是划分水泥_____的依据。

28. 国家标准规定：测试水泥强度的试件尺寸为_____。通用水泥的强度等级是根据_____天与_____天的_____强度与_____强度来划分的。

29. 硅酸盐水泥有_____、_____、_____、_____、_____、_____六个强度等级；普通硅酸盐水泥有_____、_____、_____、_____四个强度等级；矿渣硅酸盐水泥、火山灰质硅酸盐水泥、粉煤灰硅酸盐水泥、复合硅酸盐水泥有_____、_____、_____、_____、_____、_____六个强度等级。其中 R 型水泥为_____，主要是其_____ d 强度较高。

30. 水泥出厂时的四个必检项目分别是_____、_____、_____和_____。

31. 水泥中掺入适量石膏，与_____起反应，调节_____，如不掺入石膏或石膏掺量不足时，水泥会发生_____现象。

32. 硅酸盐水泥与水作用后，生成的水化产物主要有：_____、_____凝胶体，_____、_____和_____晶体。

33. 活性混合材料的主要化学成分是活性的_____及_____，这些成分能与水泥水化生成的_____起反应，称为"_____"。

34. 水泥石的腐蚀主要有_____、_____、_____、_____等。

35. 硫酸镁对水泥石起_____和_____的双重腐蚀作用。

36. 造成水泥石腐蚀的外在原因为_____；内在原因包括两个方面：一是水泥石中存在着_____和_____等易腐蚀的组分；二是水泥石本身不_____，内部存在很多_____。

37. 铝酸盐水泥是以_____和_____为主要原料，经煅烧至全部或部分熔融，得到以_____为主要矿物的熟料，经磨细而成的水硬性胶凝材料，代号为_____。

三、单选题

1. 既能在空气中硬化，又能更好地在水中硬化，保持并发展其强度的胶凝材料为（   ）胶凝材料。
   A. 有机   B. 无机
   C. 气硬性无机   D. 水硬性无机

2. 在常见的胶凝材料中属于水硬性胶凝材料的是（   ）。
   A. 石灰   B. 石膏

C. 水泥　　　　　　　　　　　　D. 水玻璃

3. 石灰石的主要成分是（　　）。
A. 碳酸钙　　　　　　　　　　　B. 氢氧化钙
C. 氧化钙　　　　　　　　　　　D. 结晶氢氧化钙

4. 生石灰熟化的特点是（　　）。
A. 体积收缩　　　　　　　　　　B. 吸水
C. 体积膨胀　　　　　　　　　　D. 排水

5. 为了消除过火石灰的危害而采取的措施是（　　）。
A. 消化　　　　　　　　　　　　B. 硬化
C. 煅烧　　　　　　　　　　　　D. 陈伏

6. 建筑熟石灰粉的技术指标中不包括（　　）。
A. 有效氧化钙含量　　　　　　　B. 产浆量
C. 游离水含量　　　　　　　　　D. 细度

7. （　　）浆体在凝结硬化过程中，其体积发生微小膨胀。
A. 石灰　　　　　　　　　　　　B. 石膏
C. 菱苦土　　　　　　　　　　　D. 水玻璃

8. 建筑石膏的主要特点有（　　）。
A. 孔隙率较小　　　　　　　　　B. 硬化后体积收缩
C. 硬化后体积略膨胀　　　　　　D. 孔隙率较大

9. 在硅酸盐水泥熟料的四种主要矿物组成中（　　）水化反应速度最快。
A. C_2S　　　　　　　　　　　B. C_3S
C. C_3A　　　　　　　　　　　D. C_4AF

10. 硅酸盐水泥熟料的四个主要矿物组成中（　　）水化反应放热量最大。
A. C_2S　　　　　　　　　　　B. C_3S
C. C_3A　　　　　　　　　　　D. C_4AF

11. 硅酸盐水泥越细，其（　　）值越大。
A. $80\mu m$ 方孔筛筛余量　　　　B. 比表面积
C. $0.2mm$ 方孔筛筛余量　　　　D. 破碎指标

12. 硅酸盐水泥和普通硅酸盐水泥的细度指标是（　　）。
A. $80\mu m$ 方孔筛筛余量　　　　B. $0.2mm$ 方孔筛筛余量
C. 细度　　　　　　　　　　　　D. 比表面积

13. 矿渣水泥的细度若用 $80\mu m$ 方孔筛筛余表示，是指水泥中（　　）与水泥总质量之比。
A. 大于 $80\mu m$ 的颗粒质量　　　B. 小于 $80\mu m$ 的颗粒质量
C. 熟料颗粒质量　　　　　　　　D. 杂质颗粒质量

14. 水泥的体积安定性可采用（　　）检验。
A. 沸煮法　　　　　　　　　　　B. 坍落度法
C. 维勃稠度法　　　　　　　　　D. 筛分析法

15. 采用沸煮法测得硅酸盐水泥的安定性不良的原因之一是水泥熟料中（　　）含量过多。
    A. 化合态的氧化钙　　　　　　　B. 游离态氧化钙
    C. 游离态氧化镁　　　　　　　　D. 二水石膏

16. 国家标准规定，通用硅酸盐水泥的初凝时间不早于（　　）。
    A. 10h　　　　　　　　　　　　B. 6.5h
    C. 45min　　　　　　　　　　　D. 1h

17. 国家标准规定，硅酸盐水泥的终凝时间不得迟于（　　）h。
    A. 5　　　　　　　　　　　　　B. 6.5
    C. 10　　　　　　　　　　　　 D. 12

18. 国家标准规定，普通硅酸盐水泥的终凝时间（　　）。
    A. 不早于 10h　　　　　　　　 B. 不迟于 10h
    C. 不早于 6.5h　　　　　　　　D. 不迟于 6.5h

19. 在生产水泥时必须掺入适量石膏是为了（　　）。
    A. 提高水泥产量　　　　　　　　B. 延缓水泥凝结时间
    C. 防止水泥石产生腐蚀　　　　　D. 提高强度

20. 在生产水泥时，若掺入的石膏量不足则会发生（　　）。
    A. 快凝现象　　　　　　　　　　B. 水泥石收缩
    C. 体积安定性不良　　　　　　　D. 缓凝现象

21. 一般情况下，水泥凝结硬化后，其体积（　　）。
    A. 膨胀　　　　　　　　　　　　B. 不变
    C. 收缩　　　　　　　　　　　　D. 不一定

22. 对于大体积混凝土工程最适宜选择（　　）。
    A. 普通硅酸盐水泥　　　　　　　B. 中、低热水泥
    C. 砌筑水泥　　　　　　　　　　D. 硅酸盐水泥

23. 由硅酸盐水泥熟料，6%～20%的活性混合材料、适量石膏磨细制成的水硬性胶凝材料，称为（　　）。
    A. 硅酸盐水泥　　　　　　　　　B. 普通硅酸盐水泥
    C. 矿渣硅酸盐水泥　　　　　　　D. 铝酸盐水泥

24. 下列材料中，属于活性混合材料的是（　　）。
    A. 慢冷矿渣　　　　　　　　　　B. 粒化高炉矿渣
    C. 石英砂　　　　　　　　　　　D. 石灰石

25. 下列材料中，（　　）是非活性混合材料。
    A. 火山灰混合材料　　　　　　　B. 粉煤灰
    C. 慢冷矿渣　　　　　　　　　　D. 粒化高炉矿渣

26. 掺大量混合材料的硅酸盐水泥适合于（　　）。
    A. 自然养护　　　　　　　　　　B. 蒸汽养护
    C. 标准养护　　　　　　　　　　D. 水中养护

27. 用于寒冷地区室外使用的混凝土工程，宜采用（　　）。
   A. 普通水泥　　　　　　　　　B. 矿渣水泥
   C. 火山灰质水泥　　　　　　　D. 高铝水泥

28. 有耐热性要求的混凝土工程，应优先选用（　　）。
   A. 火山灰质水泥　　　　　　　B. 矿渣水泥
   C. 普通水泥　　　　　　　　　D. 粉煤灰水泥

29. 不宜用来生产蒸汽养护混凝土构件的水泥是（　　）。
   A. 普通水泥　　　　　　　　　B. 火山灰质水泥
   C. 矿渣水泥　　　　　　　　　D. 粉煤灰水泥

30. 在受工业废水或海水等腐蚀环境中使用的混凝土工程，不宜采用（　　）。
   A. 普通水泥　　　　　　　　　B. 矿渣水泥
   C. 火山灰质水泥　　　　　　　D. 粉煤灰水泥

31. 某工程用普通水泥配制的混凝土产生裂纹，试分析下述原因中哪项不正确（　　）。
   A. 混凝土因水化后体积膨胀而开裂　　B. 因干缩变形而开裂
   C. 因水化热导致内外温差过大而开裂　D. 水泥体积安定性不良

32. 高层建筑的基础工程混凝土宜优先选用（　　）。
   A. 硅酸盐水泥　　　　　　　　B. 普通硅酸盐水泥
   C. 矿渣硅酸盐水泥　　　　　　D. 火山灰质硅酸盐水泥

33. 有硫酸盐腐蚀的混凝土工程宜优先选择（　　）。
   A. 硅酸盐水泥　　　　　　　　B. 普通硅酸盐水泥
   C. 矿渣硅酸盐水泥　　　　　　D. 抗硫酸盐硅酸盐水泥

34. 紧急抢修工程宜选用（　　）。
   A. 硅酸盐水泥　　　　　　　　B. 普通硅酸盐水泥
   C. 矿渣硅酸盐水泥　　　　　　D. 铝酸盐水泥

35. 水泥石产生腐蚀的内因是：水泥石中存在（　　）晶体。
   A. C-S-H　　　　　　　　　　B. $Ca(OH)_2$
   C. CaO　　　　　　　　　　　D. 环境水

36. 硅酸盐水泥硬化后，由于环境中含有较高的硫酸盐而引起水泥膨胀开裂，这是由于生成了（　　）。
   A. $CaSO_4$　　　　　　　　　B. $Ca(OH)_2$
   C. $MgSO_4$　　　　　　　　　D. 钙矾石

37. 水泥的储存期不宜太久，常用水泥一般不超过（　　）。
   A. 1个月　　　　　　　　　　B. 3个月
   C. 6个月　　　　　　　　　　D. 1年

38. 水泥在运输和保管期间，应注意（　　）方面。
   A. 防潮　　　　　　　　　　　B. 不能混杂
   C. 有效期　　　　　　　　　　D. 以上全部

四、多选题（选出两个以上正确答案）

1. 下列材料中，（　　）是胶凝材料。
   A. 石灰　　　　　　　　　　　B. 水泥
   C. 生石膏　　　　　　　　　　D. 水玻璃
   E. 沥青

2. 建筑石膏具有（　　）等特性。
   A. 质轻　　　　　　　　　　　B. 硬化后强度低
   C. 凝结硬化快　　　　　　　　D. 吸湿性强
   E. 凝固时体积略有膨胀

3. 生石灰熟化时会发生（　　）。
   A. 体积收缩　　　　　　　　　B. 吸热
   C. 体积膨胀　　　　　　　　　D. 放热
   E. 体积不变

4. 石灰膏在硬化过程中体积要发生（　　）变化。
   A. 膨胀　　　　　　　　　　　B. 收缩
   C. 不变　　　　　　　　　　　D. 产生收缩裂缝
   E. 产生膨胀裂缝

5. 石灰与其他胶凝材料相比有如下特征（　　）。
   A. 可塑性好　　　　　　　　　B. 凝结硬化慢
   C. 孔隙率高　　　　　　　　　D. 耐水性差
   E. 体积收缩大

6. 硅酸盐水泥熟料的主要矿物成分是（　　）。
   A. C_2S　　　　　　　　　　　B. C_3S
   C. C_4AF　　　　　　　　　　D. C_3A
   E. 石膏

7. 影响硅酸盐水泥强度的主要因素包括（　　）。
   A. 熟料组成　　　　　　　　　B. 水泥细度
   C. 储存时间　　　　　　　　　D. 养护条件
   E. 龄期

8. 生产硅酸盐水泥的主要原料有（　　）。
   A. 白云石　　　　　　　　　　B. 黏土
   C. 铁矿粉　　　　　　　　　　D. 矾土
   E. 石灰石

9. 硅酸盐水泥石腐蚀的基本原因是（　　）。
   A. 含过多的游离氧化钙　　　　B. 水泥石中存在$Ca(OH)_2$
   C. 水泥石中存在水化硫铝酸钙　D. 水泥石本身不密实
   E. 掺石膏过多

10. 矿渣水泥适用于（　　）的混凝土工程。
A. 抗渗性要求较高　　　　　　B. 早期强度要求较高
C. 大体积　　　　　　　　　　D. 耐热
E. 软水侵蚀

11. （　　）水泥不宜用早期强度要求高的工程。
A. 矿渣　　　　　　　　　　　B. 粉煤灰
C. 硅酸盐　　　　　　　　　　D. 高铝
E. 快硬硅酸盐

12. 下列（　　）项为硅酸盐水泥的主要技术要求。
A. 细度　　　　　　　　　　　B. 凝结时间
C. 安定性　　　　　　　　　　D. 和易性
E. 强度

13. 判定水泥强度等级时，需要测定（　　）几个强度指标。
A. 3d 水泥胶砂抗折强度　　　　B. 3d 水泥胶砂抗压强度
C. 28d 水泥胶砂抗折强度　　　 D. 28d 水泥胶砂抗压强度
E. 30d 水泥胶砂抗压强度

14. 下列（　　）材料属于活性混合材料。
A. 石英砂　　　　　　　　　　B. 石灰石粉
C. 粉煤灰　　　　　　　　　　D. 粒化高炉矿渣
E. 块状矿渣

15. 活性混合材料的主要成分为（　　）。
A. SiO_2　　　　　　　　　　B. Al_2O_3
C. $f-CaO$　　　　　　　　　 D. $f-MgO$
E. SO_3

五、名词解释

1. 胶凝材料
2. 石灰的陈伏
3. 硅酸盐水泥
4. 水泥标准稠度用水量
5. 水泥的初凝时间
6. 水泥的安定性
7. 软水侵蚀
8. 水玻璃的硅酸盐模数

六、问答题

1. 气硬性与水硬性胶凝材料有何区别？
2. 建筑石膏具有哪些特性？

3. 为何石灰属于气硬性胶凝材料？
4. 简述石灰的性能、应用与存放。
5. 为什么说建筑石膏是一种很好的内墙抹面材料？
6. 为什么生产硅酸盐水泥时必须掺入适量石膏？多掺或少掺会对水泥产生什么样的影响？
7. 简述影响硅酸盐水泥凝结硬化的因素。
8. 什么是水泥的体积安定性？引起安定性不良的原因是什么？国家标准是如何规定的？
9. 简述硅酸盐水泥的特性与应用。
10. 简述水泥中掺混合材料的目的。
11. 试述掺混合材料硅酸盐水泥的共性和个性。
12. 粉煤灰硅酸盐水泥与硅酸盐水泥相比有何显著特点？为什么？
13. 试分析硅酸盐水泥石腐蚀的原因及采取的防止措施。
14. 通用水泥在储存和保管时应注意哪些方面？
15. 简述铝酸盐水泥的特点及应用范围。
16. 请列举 3~4 种其他品种水泥，并简述各自的特点。

七、计算题

1. 试验中测得一组水泥胶砂强度试件的抗折强度值分别为：6.7MPa、7.2MPa、7.1MPa，则该组试件的抗折强度测定值是多少？（精度 0.1MPa）
2. 某水泥胶砂抗压强度，其六个试件的破坏荷载分别为 60.0kN、61.0kN、62.5kN、63.0kN、61.5kN、52.7kN。评定该水泥抗压强度和强度等级。
3. 某矿渣水泥，储存期超过 3 个月。已测得其 3d 强度达到强度等级为 32.5MPa 的要求，现又测得其 28d 抗折、抗压破坏荷载如下表所示。

试 件 编 号	1	2	3
抗折破坏荷载（kN）	2.9	2.8	2.7
抗压破坏荷载（kN）	65、66	64、64	70、68

计算后判断该水泥是否能按原强度等级使用？（国家标准规定：32.5 矿渣水泥 28d 的抗压、抗折强度分别为 32.5MPa、5.5MPa）

八、案例分析

1.【案例】 石灰砂浆墙面开裂
某车间室内抹灰采用的是石灰砂浆，交付使用后墙面逐渐出现普遍鼓包开裂，试分析其原因。欲避免这种现象发生，应采取什么措施？

2.【案例】 水泥选用
某混凝土工程工期较短，现有强度等级同为 42.5MPa 的硅酸盐水泥和矿渣水泥可选用，从有利于完成工期的角度分析选用哪种水泥更为有利？

3.【案例】 辨认胶凝材料

仓库存有三种白色胶凝材料，分别是生石灰粉、建筑石膏和白色硅酸盐水泥，问有什么简易方法可以辨认？

第二章 参 考 答 案

一、判断题

1. ×	2. √	3. √	4. √	5. √
6. ×	7. ×	8. ×	9. ×	10. ×
11. ×	12. ×	13. √	14. ×	15. ×
16. ×	17. ×	18. ×		

二、填空题

1. 无机，有机
2. 碳酸钙
3. 钙质，镁质
4. CaO，$Ca(OH)_2$；热，膨胀；收缩
5. 过火石灰，陈伏
6. 结晶，碳化
7. 氧化钙，氧化镁
8. α，β，高强石膏；建筑石膏
9. $\beta-CaSO_4 \cdot \frac{1}{2}H_2O$；快；膨胀
10. 高，低；好，强，差
11. 高，高；2.6～2.8
12. 二氧化碳，硅酸凝胶，缓慢，氟硅酸钠
13. 菱苦土，氧化镁
14. 硅酸盐、铝酸盐、硫铝酸盐、铁铝酸盐
15. 通用、专用、特性
16. 硅酸盐水泥熟料，石膏，水硬
17. 硅酸盐、普通硅酸盐、矿渣硅酸盐、火山灰质硅酸盐、粉煤灰硅酸盐、复合硅酸盐
18. 石灰质原料、黏土质原料、校正原料；两磨一烧
19. 硅酸三钙、硅酸二钙、铝酸三钙、铁铝酸四钙；C_3S、C_2S、C_3A、C_4AF
20. 某些性能、强度等级、熟料、产量、成本、工业废渣
21. 活性混合材料、非活性混合材料、窑灰；粒化高炉矿渣，粉煤灰，火山灰质材料
22. 比表面积，300；筛余，10%，30%
23. 碱含量，细度
24. 初凝时间，终凝时间，过快，过迟
25. 45min、390min；600min
26. 沸煮，试饼，雷氏
27. 胶结，强度等级
28. 40mm×40mm×160mm；3，28，抗折，抗压
29. 42.5、42.5R、52.5、52.5R、62.5、62.5R；42.5、42.5R、52.5、52.5R；32.5、32.5R、42.5、42.5R、52.5、52.5R；早强型水泥、3
30. 化学指标、凝结时间、安定性、强度

31. 水化铝酸三钙，凝结时间，瞬凝
32. 水化硅酸钙、水化铁酸钙；氢氧化钙、水化铝酸钙、水化硫铝酸钙
33. SiO_2，Al_2O_3，氢氧化钙，二次水化反应
34. 软水腐蚀、酸性腐蚀、盐类腐蚀、强碱腐蚀
35. 镁盐，硫酸盐
36. 腐蚀性介质；氢氧化钙，水化铝酸钙；密实，毛细孔通道
37. 石灰石，铝矾土，铝酸钙，CA

三、单选题

1. D	2. C	3. A	4. C	5. D
6. B	7. B	8. C	9. C	10. C
11. B	12. D	13. A	14. A	15. B
16. C	17. B	18. B	19. B	20. A
21. C	22. B	23. B	24. B	25. C
26. B	27. A	28. B	29. A	30. A
31. A	32. A	33. D	34. D	35. B
36. D	37. B	38. D		

四、多选题

1. ABDE	2. ABCDE	3. CD	4. BD	5. ABDE
6. ABCD	7. ABCDE	8. BCE	9. BCD	10. CDE
11. AB	12. ABCE	13. ABCD	14. CD	15. AB

五、名词解释

1. 胶凝材料：是指在建筑工程中，凡是经过一系列物理、化学作用，能将散粒状材料或块状材料粘结成为整体的材料。

2. 石灰的陈伏：为了消除过火石灰的危害，使石灰膏在灰坑中储存两周以上，以使石灰得到充分消化的过程。

3. 硅酸盐水泥：是由硅酸盐水泥熟料、0～5％石灰石或粒化高炉矿渣、适量石膏磨细制成的水硬性无机胶凝材料。不掺加混合材料的称为Ⅰ型，代号P·Ⅰ；掺加不超过水泥质量5％的石灰石或粒化高炉矿渣的称为Ⅱ型，代号P·Ⅱ。

4. 水泥标准稠度用水量：水泥净浆达到标准稠度时，其拌和用水量与水泥质量之比为该水泥的标准稠度用水量。

5. 水泥的初凝时间：水泥加水拌和至标准稠度净浆开始失去塑性的时间。为了保证有足够的时间在初凝前完成混凝土成型等各工序的操作，初凝时间不能过短。

6. 水泥的安定性：是指水泥在凝结硬化过程中体积变化的均匀性。如果水泥在凝结硬化过程中产生均匀的体积变化，则其安定性合格，否则为安定性不良。水泥安定性不良，会使水泥制品、混凝土构件产生膨胀性裂缝，影响工程质量，甚至引起严重的工程

事故。

7. 软水侵蚀：又称淡水侵蚀或溶出性侵蚀。水泥石长期与软水相接触时，其水化产物中的氢氧化钙最先溶出，在静水及无压力水作用下，周围的水易被溶出的氢氧化钙所饱和而使溶解作用停止，溶出仅限于结构的表面。若在流动的水中或有压力的水中，溶出的氢氧化钙不断被冲走。由于石灰浓度的继续降低，还会引起其他水化物的分解溶解。侵蚀作用不断深入内部，使水泥石孔隙增大，强度逐渐下降，使水泥石结构遭受进一步破坏，以致全部溃裂。

8. 水玻璃的硅酸盐模数：指水玻璃中 SiO_2 和碱性氧化物（Na_2O）的分子数之比，一般在 1.5～3.5 之间。低模数水玻璃的晶体组分较多，粘结能力较差。模数越高，胶体组分相对增多，粘结能力、强度、耐酸性和耐热性越高，但难溶于水，不易稀释，不便施工。

六、问答题

1. 气硬性胶凝材料只能在空气中保持强度与继续硬化。水硬性胶凝材料不但能在空气中，而且可以在水中硬化，保持强度或继续增长强度。

2. 建筑石膏具有以下特性：
①凝结硬化快；②凝结硬化时体积略膨胀；③石膏制品硬化后孔隙率高，强度低、保温隔热性能好、吸声性强、吸湿性大、耐水性和抗冻性差；④防火性能好；⑤可加工性好，石膏制品可钉、可锯、可刨，施工方便。

3. 石灰的凝结硬化是两个同时进行的过程：干燥结晶和碳化反应，以上过程只能在空气中进行。而石灰硬化后的主要产物 $Ca(OH)_2$ 溶于水，不能在潮湿和水中保持其强度，所以石灰是气硬性胶凝材料。

4. 石灰的性能：可塑性好；硬化慢、强度低；硬化后体积收缩大；耐水性差；吸湿性强。

石灰的应用：石灰乳；石灰砂浆；石灰土和三合土；制作硅酸盐制品等。

石灰的存放：磨细生石灰要防水防潮；块状生石灰应立即熟化成石灰浆，将储存期变为陈伏期。

5. 建筑石膏制品洁白细腻，硬化微膨，不易开裂，表面饱满光滑。石膏制品孔隙率高可调节室内温湿度，防火性好。

6. 水泥中掺适量石膏起延缓水泥凝结时间的作用，多掺会导致水泥体积安定性不良；少掺会使水泥凝结速度过快。

7. 影响硅酸盐水泥凝结硬化的因素包括：
（1）水泥矿物成分的影响：水泥矿物组成及各组分比例，是影响水泥凝结硬化的最主要因素。
（2）水泥细度的影响：水泥颗粒的粗细直接影响其水化、凝结硬化、强度增长及水化热等。
（3）石膏掺量的影响：石膏掺量若少，缓凝效果不显著；掺量过多，其本身会生成一种促凝物质，反而使水泥产生快凝。石膏掺量要适宜。

(4) 养护条件的影响：养护环境有足够的温湿度，有利于水泥的水化、凝结硬化和早期强度的发展。

(5) 龄期的影响：水泥一般在7d内的强度发展最快，28d内的强度发展较快，28d以后增长缓慢。

(6) 拌和用水量的影响：在水泥用量不变的情况下，增加拌和用水量，会增加硬化水泥石中的毛细孔，降低水泥石的强度，同时延长水泥的凝结时间。

(7) 外加剂的影响：凡对 C_3S 和 C_3A 的水化能产生影响的外加剂，都能改变水泥的水化、凝结硬化性能。

8. 水泥的安定性是指水泥在凝结硬化过程中体积变化的均匀性。如果水泥在凝结硬化过程中产生均匀的体积变化，则其安定性合格，否则为安定性不良。

安定性不良的原因：水泥熟料中含过多的游离氧化钙或过多的游离氧化镁；水泥中掺过量的石膏。

国家标准规定，采用沸煮法可检验游离氧化钙是否过多，包括试饼法和雷氏法两种；另外，在水泥生产中严格控制游离氧化镁和石膏的含量。

9. 硅酸盐水泥的特性与应用：

(1) 快凝、快硬、高强。适用于有早强要求的冬季施工的混凝土及重要结构和高强混凝土等。

(2) 抗冻性好。适用于冬季施工及遭受反复冻融的混凝土工程。

(3) 抗碳化能力强。适用于重要的钢筋混凝土结构、预应力混凝土工程及二氧化碳浓度高的环境。

(4) 耐磨性好。适用于道路、地面等对耐磨性要求高的工程。

(5) 水化热大。不适合于大体积混凝土工程。

(6) 抗腐蚀性差。不适合于受软水、海水、硫酸盐等侵蚀性介质腐蚀的工程。

(7) 耐热性差。不适合于耐热混凝土工程。

10. 在水泥熟料中掺加一定数量的混合材料，目的是为了改善水泥的某些性能、调节水泥的强度等级、节约水泥熟料、提高水泥产量、降低水泥成本、利用工业废料等。

11. 掺混合材料硅酸盐水泥的共性：①因水泥中熟料少，凝结硬化较慢、早强低；不宜用于要求早强高的工程；不宜用于有抗冻性要求的工程；适用于蒸汽养护的工程；水化热低，适用于大体积工程。②因水化产物中 $Ca(OH)_2$ 含量少；适用于有耐侵蚀要求的工程；不宜用于有抗碳化要求的工程。

个性：矿渣水泥耐热性强、抗渗性差；粉煤灰水泥抗裂性好；火山灰质水泥抗渗性好。

12. 粉煤灰替代了大量的水泥熟料，故粉煤灰水泥中 C_3S、C_3A 相对较少，所以水化速度慢、水化热低；早强低、抗冻性差，但后期强度发展大；耐蚀性较强。由于粉煤灰具有独特的球形玻璃态结构，吸附水的能力差，粉煤灰水泥的标准稠度需水量小，因此干缩小、抗裂性好，适用于有抗裂性要求的混凝土工程中。

13. 产生水泥石腐蚀的根本原因是：①水泥石中存在引起腐蚀的组分氢氧化钙和水化铝酸钙；②水泥石本身并不密实，有很多毛细孔道，侵蚀介质易于进于其内部；③水泥石外有腐蚀性介质存在。防腐措施：①根据侵蚀环境特点合理选择水泥品种；②提高水泥石的紧密程度。③加做保护层。

14．水泥在储存时应防潮，做到上盖下垫；堆放高度不宜过高，一般不超过 10 袋；不同品种、强度等级的水泥应分别堆放，不得混杂；储存不宜超过三个月。

15．铝酸盐水泥的特点及应用范围：

（1）凝结硬化快，早期强度发展迅速，适用于紧急抢修工程和有早强要求的混凝土工程。

（2）水化时，集中放出大量的水化热，适用于冬季施工的混凝土工程，不宜用于大体积混凝土工程中。

（3）水化产物中没有易受侵蚀的组分氢氧化钙，且水泥石结构密实，可用于有抗渗性和抗软水、酸和盐侵蚀要求的混凝土工程中。铝酸盐水泥在碱性环境中容易腐蚀，应避免与碱性介质接触。

（4）铝酸盐水泥当温度升高时（30℃以上），水化产物会发生晶型转化导致强度降低。在湿热养护条件下，强度降低更为明显。因此，铝酸盐水泥不宜用于高温施工的工程，更不适合湿热养护的混凝土工程，也不宜用于长期工程结构。

（5）虽然铝酸盐水泥不宜在高温条件下施工，但硬化的铝酸盐水泥石在高温条件下，其组分可发生固相反应形成陶瓷胚体，在 1300℃时也具有较高强度。因此，铝酸盐水泥可制成使用温度达 1300～1400℃的耐热混凝土。

（6）铝酸盐水泥与硅酸盐水泥或石灰相混不但产生闪凝，而且由于生成高碱性的水化铝酸钙，使混凝土开裂破坏。因此，施工时除不得与石灰和硅酸盐水泥混合外，也不得与尚未硬化的硅酸盐水泥接触使用。

16．答案略。

七、计算题

1．答案

该组试件的抗折强度平均值＝(6.7＋7.2＋7.1)/3＝7.0(MPa)

因为 3 个数据都在 7.0 的±10％范围内（6.3，7.7），所以可用它们的平均值作为试验结果。

2．答案

6 个破坏荷载测定值的平均值＝(60.0＋61.0＋62.5＋63.0＋61.5＋52.7)/6＝60.1(kN)

因为 60.1 的±10％范围为（54.1，66.1），所以剔除 52.7kN 这个数据。

剩下 5 个数据的平均值＝(60.0＋61.0＋62.5＋63.0＋61.5)/5＝61.6(kN)

因为剩下的 5 个数据都在 61.6 的±10％范围内（55.4，67.8），所以用它们的平均值作为试验结果。

则该水泥的抗压强度＝破坏荷载/受压面积＝$\dfrac{61.6 \times 10^3}{40 \times 40}$＝0.625×61.6＝38.5(MPa)，评定该水泥的强度等级为 32.5。

3. 答案

3 个抗折破坏荷载的平均值＝(2.9＋2.8＋2.7)/3＝2.8(kN)

因为 3 个数据都在 2.8±10% 范围内 (2.52, 3.08)，所以用 2.8kN 作为试验结果。

则该水泥的抗折强度＝2.34×2.8＝6.6MPa＞国家标准规定的 5.5MPa。

6 个抗压破坏荷载的平均值＝(65＋66＋64＋64＋70＋68)/6＝66.2(kN)

因为 6 个数据都在 66.2±10% 范围内 (59.6, 72.8)，所以用 66.2kN 作为试验结果。

则该水泥的抗压强度＝$\dfrac{66.2 \times 10^3}{40 \times 40}$＝0.625×66.2＝41.4＞国家标准规定的 32.5MPa。

综上所述，该矿渣水泥能按原强度等级使用。

八、案例分析

1.【案例分析】 原因是用了未经熟化的石灰。在使用前应先对石灰进行"陈伏"。

2.【案例分析】 相同强度等级的硅酸盐水泥与矿渣水泥 28d 的强度指标虽相同，但 3d 强度指标（硅酸盐水泥为 17.0MPa、矿渣水泥为 15.0MPa）不同；3d 抗折强度矿渣水泥也低于同强度等级的硅酸盐水泥。硅酸盐水泥早期强度较高，若其他性能可满足需要，从缩短工程工期来看选用硅酸盐水泥更为有利。

3.【案例分析】 取相同质量的三种粉末，分别加入适量的水拌和为同一稠度的浆体。放热量最大且有大量水蒸汽产生的为生石灰粉；在 5～30min 内凝结硬化并具有一定强度的为建筑石膏；在 45min 到 12h 内凝结硬化的为白色硅酸盐水泥。

第三章 普通混凝土

一、判断题（正确的打√，错误的打×）

1. 提高混凝土拌和物流动性主要采用多加水的办法。（　　）
2. 混凝土拌和物中水泥浆越多，和易性越好。（　　）
3. 干硬性混凝土的维勃稠度越大，其流动性越大。（　　）
4. 在其他条件相同时，卵石混凝土比碎石混凝土流动性好。（　　）
5. 测新拌混凝土和易性，若坍落度小于要求值，可增大水灰比和水泥浆量。（　　）
6. 配制碎石混凝土的含砂率高于卵石混凝土。（　　）
7. 在结构尺寸及施工条件允许下，尽可能选择较大粒径的粗骨料，这样可以节约水泥。（　　）
8. 两种砂子的细度模数相同，它们的级配也一定相同。（　　）
9. 普通混凝土的强度与其水灰比呈线性关系。（　　）
10. 水灰比很小的混凝土，其强度不一定很高。（　　）
11. 用同样配合比的混凝土拌和物做成的不同尺寸的抗压试件，试验时大尺寸的试件破坏荷载大，故其强度高；小尺寸试件的破坏荷载小，故其强度低。（　　）
12. 在夏季施工的混凝土，要特别注意浇水保湿。（　　）
13. 混凝土中掺减水剂，可减少用水量或改善和易性或提高强度或节约水泥。（　　）
14. 碳化作用产生的碳酸钙能填充孔隙，提高密实度，故碳化也有有利的一面。（　　）
15. 有抗碳化要求的混凝土不宜选择矿渣水泥、粉煤灰水泥、火山灰水泥。（　　）
16. 水泥含碱量较高且骨料中含有活性二氧化硅，混凝土必然发生碱骨料反应。（　　）
17. 粉煤灰、硅粉等常用作混凝土的掺和料，是因其能直接和水发生水化反应。（　　）
18. 大掺量粉煤灰混凝土的抗碳化性能会变差。（　　）
19. 粉煤灰作混凝土掺和料具有形态效应、活性效应和微骨料效应。（　　）
20. 混凝土掺加粉煤灰、磨细矿渣等掺和料可延缓或抑制碱骨料反应。（　　）
21. 外加剂的后掺法适用于有混凝土搅拌运输车的商品混凝土。（　　）
22. 用体积法计算混凝土的配合比时，必须考虑混凝土的含气量。（　　）
23. 混凝土施工配合比与试验室配合比的水灰比相同。（　　）
24. 确定混凝土水灰比的原则是在满足强度及耐久性的前提下取较小值。（　　）
25. 混凝土的强度平均值和标准差，都能说明混凝土质量的离散程度。（　　）

26. 混凝土的强度标准差 σ 值越大，表明混凝土质量越稳定，施工水平越高。（　　）
27. 配合比设计中，耐久性的考虑主要通过限定最大水灰比和最小水泥用量。（　　）

二、填空题

1. 混凝土按表观密度可分为_____混凝土、_____混凝土和_____混凝土。
2. 海砂不能用于钢筋混凝土的主要原因是_____含量高，会导致_____危害。
3. 长期处于潮湿环境的重要结构用骨料进行碱活性检验是防止_____反应破坏。
4. 普通混凝土的骨料按粒径_____mm 为界限划分为粗、细骨料，常用_____评定混凝土用砂的粗细程度。
5. 配制混凝土时宜优先选用_____砂。
6. 骨料的含水状态分为_____、_____、_____和_____状态四种。
7. 混凝土工程中常用的粗骨料有_____和_____两大类；粗骨料的强度可用岩石的抗压强度或_____指标表示。
8. 石子的粒级分为_____粒级和_____粒级两种。
9. 混凝土外加剂的掺量一般不超过胶凝材料用量的_____。
10. 混凝土外加剂种类选择：配制高强、超高强混凝土宜掺用_____外加剂；冬季施工宜掺用_____外加剂；炎热气候条件下施工或大体积混凝土宜掺用_____外加剂；抢修工程宜掺用_____外加剂；配制补偿收缩混凝土的是_____外加剂。
11. 坍落度法检测混凝土拌和物和易性只适用于粗骨料粒径不超过_____mm 且坍落度值大于_____mm；对于坍落度小于_____mm 的干硬性混凝土用_____法检测。
12. 混凝土拌和物的可泵性一般用_____和_____两个指标来评定。
13. 立方体抗压强度标准值系指对按标准方法制作和养护的边长为_____mm 的立方体试件，在_____d 龄期或设计规定龄期，用标准试验方法测得的具有_____保证率的抗压强度值。
14. 混凝土抗拉强度普遍采用_____法间接测定，而非拉伸实验。
15. C50 中的 C 为_____符号，50 是指_____；水工混凝土的强度等级 $C_{90}15$ 表示_____。
16. 道路路面用混凝土常以_____强度为设计依据，_____强度仅作为参考。
17. 建筑工程中，混凝土浇筑完毕后应在_____h 内开始养护，硅酸盐水泥、普通硅酸盐水泥、矿渣硅酸盐水泥配制的混凝土养护不得少于_____d，对粉煤灰水泥和火山灰水泥，或掺有缓凝剂、膨胀剂、大量掺和料、有防水抗渗要求的混凝土养护不得少于_____d。

18. 当原材料相同时，混凝土的强度主要取决于_____和_____。

19. 混凝土标准立方体试件的边长为_____mm；强度实验时，若采用非标准尺寸试件，要乘以_____。

20. 超长混凝土结构为防止温度变形的危害，应采取每隔一定长度设置_____，以及在结构中配置_____等措施。

21. 混凝土的徐变对钢筋混凝土结构的有利作用是_____，不利作用是_____。

22. 混凝土的抗渗性用_____表示，W6表示_____。

23. 混凝土的抗冻性用_____表示，F100表示_____。

24. 水工结构有抗冲刷气蚀要求的混凝土强度等级应不低于_____，粗骨料最大粒径不超过_____，并宜掺用_____掺合料和_____外加剂，保证结构的密实和表面平整；对于有抗磨要求的混凝土强度等级应不低于_____。

25. 引起混凝土质量波动的主要原因有：_____的质量波动、_____及养护阶段的质量波动、_____变化引起的质量波动。

26. 设计混凝土配合比应同时满足_____、_____、_____和_____四项基本要求。

27. 混凝土配合比设计的三个重要参数是_____、_____和_____。

28. 在混凝土配合比设计中，采用体积法计算砂石用量的理论依据是：混凝土的_____等于_____与_____之和。

29. 轻混凝土可分为_____混凝土、_____混凝土和_____混凝土三类。

三、单选题

1. 设计混凝土配合比时，确定水灰比的原则是按满足（　　）而定。
   A. 混凝土强度　　　　　　　　B. 最大水灰比限值
   C. 混凝土强度和最大水灰比的规定　　D. 耐久性

2. 混凝土施工规范中规定了最大水灰比和最小水泥用量，是为了保证（　　）。
   A. 强度　　　　　　　　　　　B. 耐久性
   C. 和易性　　　　　　　　　　D. 混凝土与钢材的相近线膨胀系数

3. 试拌调整混凝土时，当坍落度太小时，应采用（　　）措施。
   A. 保持水灰比不变，增加适量水泥浆　B. 增加水灰比
   C. 增加用水量　　　　　　　　D. 延长拌和时间

4. 试拌调整混凝土时，发现拌和物的保水性较差，应采用（　　）措施。
   A. 增加砂率　　　　　　　　　B. 减少砂率
   C. 增加水泥　　　　　　　　　D. 增加用水量

5. 在混凝土配合比设计中，选用合理砂率的主要目的是（　　）。
   A. 提高混凝土的强度　　　　　B. 改善拌和物的和易性
   C. 节省水泥　　　　　　　　　D. 节省粗骨料

6. 某建材实验室有一张混凝土用量配方，数字清晰为1∶0.61∶2.50∶4.45，而文字模糊，下列哪种经验描述是正确的？（ ）。

   A. 水∶水泥∶砂∶石 B. 水泥∶水∶砂∶石
   C. 砂∶水泥∶水∶石 D. 水泥∶砂∶水∶石

7. 混凝土配比设计的三个关键参数是（ ）。

   A. 水胶比、砂率、石子用量 B. 水泥用量、砂率、单位用水量
   C. 水胶比、砂率、单位用水量 D. 水胶比、砂子用量、单位用水量

8. 在混凝土配合比一定的情况下，卵石混凝土与碎石混凝土相比较，其（ ）较好。

   A. 流动性 B. 黏聚性
   C. 保水性 D. 需水性

四、多选题（选出两个以上正确答案）

1. 高性能混凝土应满足（ ）方面主要要求。

   A. 高耐久性 B. 高强度
   C. 高工作性 D. 高体积稳定性

2. 属于"绿色"混凝土的是（ ）。

   A. 粉煤灰混凝土 B. 再生骨料混凝土
   C. 粉煤灰陶粒混凝土 D. 重混凝土

3. 改善混凝土抗裂性的措施包括（ ）。

   A. 掺加聚合物 B. 掺加钢纤维、碳纤维等纤维材料
   C. 提高混凝土强度 D. 增加水泥用量

4. 对混凝土用砂的细度模数描述不正确的是（ ）。

   A. 细度模数就是砂的平均粒径 B. 细度模数越大，砂越粗
   C. 细度模数能反映颗粒级配的优劣 D. 细度模数相同，颗粒级配也相同

5. 对混凝土用砂的颗粒级配区理解正确的是（ ）。

   A. 根据0.600mm筛孔的累计筛余率，划分成三个级配区
   B. Ⅱ区颗粒级配最佳，宜优先选用
   C. Ⅰ区砂偏细，使用时应适当降低含砂率
   D. Ⅲ区砂偏粗，使用时应适当提高含砂率

6. 混凝土粗骨料最大粒径的选择应考虑（ ）。

   A. 结构的断面尺寸及钢筋间距 B. 泵送管道内径的限制
   C. 满足强度和耐久性对粒径的要求 D. 搅拌、成型设备的限制

7. 对混凝土搅拌、养护用水的质量有怀疑与饮用水对比试验时，应满足（ ）。

   A. 水泥的凝结时间差不得大于30min
   B. 砂浆强度差不超过10%
   C. 混凝土的初凝和终凝时间差不得大于2h
   D. 混凝土28d抗压强度不低于饮用水制成的混凝土抗压强度的90%

8. 混凝土的和易性包括（　　）性能。
   A. 流动性　　　　　　　　　　　　B. 黏聚性
   C. 保水性　　　　　　　　　　　　D. 耐久性
9. 混凝土掺加粉煤灰，应用正确的是（　　）。
   A. Ⅰ级粉煤灰适用于钢筋混凝土和跨度小于6m的预应力混凝土
   B. Ⅱ级粉煤灰多用于普通钢筋混凝土
   C. Ⅲ级粉煤灰只适用于无筋混凝土
   D. 强度等级不小于C30的混凝土宜采用Ⅰ级、Ⅱ级粉煤灰
10. 同条件下，卵石混凝土和碎石混凝土比较，其性能（　　）。
    A. 碎石混凝土强度高于卵石混凝土　　B. 卵石混凝土强度与碎石混凝土基本相同
    C. 碎石混凝土流动性低于卵石混凝土　D. 卵石混凝土流动性与碎石混凝土基本相同
11. 测定混凝土的立方体抗压强度，其立方体试件尺寸可以为（　　）。
    A. 150mm×150mm×150mm　　　　　B. 100mm×100mm×100mm
    C. 70.7mm×70.7mm×70.7mm　　　　D. 40mm×40mm×160mm
12. 对影响材料强度测试结果的试验条件，叙述正确的是（　　）。
    A. 加载速度快，测得强度值偏高　　B. 加载速度慢，测得强度值偏低
    C. 小尺寸试件的强度高于大尺寸试件　D. 材料含有水分时，强度较干燥时低
13. 混凝土拌和物和易性调整的正确措施是（　　）。
    A. 采用级配良好的砂、石料　　　　B. 选用合理砂率
    C. 掺加外加剂和矿物掺和料　　　　D. 增加或减少用水量
14. 混凝土拌和物坍落度的选择应考虑的因素有（　　）。
    A. 结构截面尺寸及配筋疏密程度　　B. 运输距离和气候条件
    C. 泵送高度　　　　　　　　　　　D. 混凝土设计强度
15. 大体积工程为防止温度应力破坏，生产混凝土时应采取（　　）措施。
    A. 采用低热水泥　　　　　　　　　B. 掺加缓凝剂
    C. 减少水泥用量　　　　　　　　　D. 采用人工降温、设温度伸缩缝等
16. 新拌混凝土发生分层、离析、泌水，说明其（　　）。
    A. 流动性差　　　　　　　　　　　B. 保水性差
    C. 黏聚性差　　　　　　　　　　　D. 以上三者都差
17. 对混凝土合理砂率的认识，正确的是（　　）。
    A. 碎石混凝土比卵石混凝土的砂率大　B. 粗骨料粒径减小，砂率应增大
    C. 砂的细度模数减小，砂率也减小　　D. 掺加粉煤灰可减小砂率
18. 混凝土配合比设计时用水量选择，认识正确的是（　　）。
    A. 碎石混凝土比卵石混凝土的用水量大　B. 粗骨料粒径增大，用水量相应减小
    C. 采用细砂时，用水量可增加　　　　　D. 坍落度增加时，用水量增加
19. 混凝土骨料中会降低混凝土28d抗压强度的有害物质有（　　）。
    A. 含泥量和泥块含量　　　　　　　B. 氯离子含量
    C. 碱含量　　　　　　　　　　　　D. 石子中的针片状颗粒含量

20. 配制泵送混凝土不宜选择（　　）水泥品种。
   A. 普通硅酸盐水泥　　　　　　　　B. 矿渣硅酸盐水泥
   C. 火山灰质硅酸盐水泥　　　　　　D. 硅酸盐水泥
21. 具有缓凝作用、引气作用的减水剂不是（　　）。
   A. 聚羧酸减水剂　　　　　　　　　B. 萘系减水剂
   C. 木钙减水剂　　　　　　　　　　D. 树脂系减水剂
22. 减水剂品种的选择应满足（　　）要求。
   A. 与水泥有良好的适应性　　　　　B. 不同外加剂复合时，应有良好的相容性
   C. 经济性，掺量低　　　　　　　　D. 绿色环保、无害
23. 混凝土的徐变对预应力钢筋混凝土结构的影响主要表现为（　　）。
   A. 使混凝土内的应力产生重分布　　B. 降低了混凝土内部的应力集中现象
   C. 使混凝土的预应力损失增大　　　D. 使混凝土的收缩变形增大
24. 东北某海滨城市的客运中心候车室在投入使用 5 年后，楼板出现顺筋锈蚀并有混凝土保护层剥落，调查得知混凝土中掺加了 35% 的粉煤灰，用自备井井水拌制，这种破坏现象可能是（　　）。
   A. 碳化　　　　　　　　　　　　　B. 氯盐腐蚀
   C. 碱骨料反应　　　　　　　　　　D. 冻融破坏
25. 有较高抗碳化要求的混凝土不能选择（　　）水泥品种。
   A. 硅酸盐水泥　　　　　　　　　　B. 普通硅酸盐水泥
   C. 矿渣硅酸盐水泥　　　　　　　　D. 复合硅酸盐水泥
26. 高掺量粉煤灰的混凝土抗碳化性降低的原因不是（　　）。
   A. 掺加较多粉煤灰导致混凝土密实度下降
   B. 粉煤灰掺量大，易造成混凝土硬化时干缩开裂
   C. 粉煤灰发生水化反应，降低了混凝土的碱度
   D. 降低了混凝土抗拉强度，混凝土承载时易开裂，二氧化碳易深入
27. 质量合格的商品混凝土浇筑高层住宅楼的剪力墙后经检测，其强度只达到设计值的 70%，并发现墙底部有蜂窝、孔洞，分析其主要原因是（　　）。
   A. 振捣不密实　　　　　　　　　　B. 拆模过早
   C. 养护不当，养护时间不够　　　　D. 模板接缝不严漏浆
28. 对混凝土弹性模量影响因素描述正确的是（　　）。
   A. 混凝土强度越高，弹性模量越大　B. 骨料含量越高，弹性模量越大
   C. 掺入引气剂会降低弹性模量　　　D. 水灰比越大，弹性模量越大
29. 通常采用（　　）指标综合评价混凝土的耐久性。
   A. 抗渗性　　　　　　　　　　　　B. 抗冻性
   C. 抗碳化性　　　　　　　　　　　D. 抗腐蚀性和碱骨料反应

五、名词解释

1. 和易性

2. 合理砂率
3. 混凝土的碳化
4. 碱骨料反应
5. 徐变
6. 蒸压养护

六、问答题

1. 简述普通混凝土的主要优点。
2. 普通混凝土主要有哪些缺点？针对这些缺点可采取什么措施予以改善？
3. 查阅资料分析混凝土的发展趋势。
4. 对混凝土有哪几项基本要求？
5. 普通混凝土的组成材料在混凝土中的作用是怎样的？
6. 为何要求水泥的强度等级与混凝土的强度等级相对应，不能"高配低"或"低配高"？
7. 配制混凝土应如何合理选择水泥品种？
8. 海砂和海水为什么不能用于配制钢筋混凝土？
9. 骨料所含的主要有害物质有哪些？对混凝土有何危害？
10. 对混凝土拌和或养护用水的水质有怀疑时，应如何判定是否能用？
11. 混凝土掺用减水剂的技术效果怎样？外加剂的掺加方法及使用条件是怎样的？
12. 粉煤灰按质量分为哪几级？各适用于什么范围？掺加方法有哪几种？
13. 掺加粉煤灰对混凝土性能有哪些影响？大掺量粉煤灰混凝土的抗碳化性为什么会降低？
14. 水工结构抗冲刷、抗气蚀部位的混凝土常掺加硅灰，为什么？
15. 简述影响混凝土和易性的主要因素。
16. 简述影响混凝土强度的主要因素。
17. 分析养护和时间对混凝土强度发展的影响。
18. 提高混凝土强度的主要措施有哪些？
19. 水泥水化热对大体积混凝土有何不利影响？如何防止？
20. 为什么说水灰比和水泥用量是影响混凝土抗渗性的最主要因素？
21. 阐述混凝土冻融破坏的机理和提高抗冻性的措施。
22. 碳化作用对混凝土性能有哪些影响？
23. 简述提高混凝土耐久性的措施。
24. 分析浇筑和易性不良的混凝土拌和物对混凝土质量的不利影响。
25. 现场浇筑混凝土时，严禁施工人员随意向新拌混凝土中加水，试从理论上分析加水对混凝土质量的危害。它与混凝土成型后的洒水养护有无矛盾？为什么？
26. 进行混凝土抗压试验时，在下述情况下，实验值将有无变化？如何变化？
①试件尺寸加大；②试件高宽比加大；③试件受压表面加润滑剂；④试件位置偏离支座中心；⑤加荷速度加快。

27. 简述混凝土配合比设计的步骤。

七、计算题

1. 3块边长100mm的混凝土立方体试件标准养护14d，进行抗压强度实验，测得破坏荷载分别为324kN、336kN、318kN，试估算28d标准立方体抗压强度值。

2. 华北某地的天然河砂偏细，需人工掺配方能使用，掺配后的河砂经筛分析法检验，筛分结果如下表所示，试计算各号筛的分计筛余率和累计筛余率，评定该砂的颗粒级配和粗细程度，判定该砂是否能用于拌制混凝土？

筛 分 结 果

筛孔（mm）	4.75	2.36	1.18	0.60	0.30	0.15	<0.15
筛余（g）	50	150	150	50	50	35	15

3. 混凝土砂率为35%，砂用量为570kg，石子用量为多少？

4. 某高层全现浇框架结构柱（不受雨雪影响，无冻害）所用混凝土的设计强度等级为C30，施工要求的坍落度为35~50mm，若采用机械搅拌和机械振捣时，施工单位以往统计的混凝土强度等级标准差为4.8MPa，所采用原材料性质如下：

普通水泥：强度等级42.5（f_{ce}=47.1MPa），ρ_c=3100kg/m³；

河砂：表观密度为2640kg/m³，堆积密度为1480kg/m³，含水率为3%，级配为Ⅱ区（μ_f=2.7）；

碎石：表观密度为2680kg/m³，堆积密度为1520kg/m³，含水率为1%，级配为连续粒级5~40；

自来水：ρ_w=1000kg/m³。

试用体积法计算该混凝土的初步配合比（以干燥状态为准）。

5. 已知某混凝土实验室配合比为水泥360kg、砂680kg、石子1280kg、水180kg。经对施工现场砂石取样检验，测得含水率分别为3%和1%，试换算施工配合比。

6. 混凝土拌和物经试拌调整后，和易性满足要求，试拌材料用量为：水泥4.5kg，水2.7kg，砂9.9kg，碎石18.9kg。实测混凝土拌和物体积密度为2400kg/m³。试计算1m³混凝土各项材料用量为多少？

7. 已知某混凝土的水灰比为0.5，单位用水量为180kg，砂率为33%，混凝土拌和料成型后实测其体积密度为2400kg/m³，强度与和易性均满足要求，试用质量法求拌制1m³混凝土所需的各种材料用量。

8. 某工地混凝土施工配合比为水泥∶砂∶石子∶水=308∶700∶1260∶128，此时砂的含水率为4.2%，碎石的含水率为1.6%，求实验室配合比？

八、案例分析

1. 【案例】在干燥多风的春季施工的高层建筑，施工至11层发现10层、11层的现浇楼板出现较多裂缝，而在10层以下楼板无此现象，施工方案相同、混凝土相同，请分析楼板裂缝的产生原因。

2.【案例】位于东北地区的一座钢筋混凝土公路桥梁，设计使用年限为 30 年，竣工于 1998 年，使用至今发现桥梁多处出现裂缝和严重的钢筋锈蚀，不得不拆除重建。利用所学水泥和混凝土的相关知识，分析其破坏的可能原因。

第三章 参 考 答 案

一、判断题

1. ×　　2. ×　　3. ×　　4. √　　5. ×
6. √　　7. √　　8. ×　　9. ×　　10. √
11. ×　　12. √　　13. √　　14. √　　15. √
16. ×　　17. ×　　18. √　　19. √　　20. √
21. √　　22. √　　23. ×　　24. √　　25. ×
26. ×　　27. √

二、填空题

1. 重、普通、轻
2. 氯盐、钢筋锈蚀
3. 碱骨料
4. 4.75、细度模数
5. 中
6. 干燥、气干、饱和面干、湿润
7. 碎石、卵石；压碎指标
8. 连续、单
9. 5%
10. 高效减水剂、抗冻剂、缓凝剂、早强剂、膨胀剂
11. 40、10；10、维勃稠度
12. 坍落度、相对压力泌水率
13. 150、28、95%
14. 劈裂试验
15. 混凝土强度、混凝土立方体抗压强度标准值是 50MPa；保证率为 80% 情况下，90d 龄期的立方体抗压强度标准值为 15MPa
16. 抗折、抗压
17. 12、7、14
18. 水泥强度、水灰比
19. 150；尺寸换算系数
20. 伸缩缝、温度钢筋
21. 消除内部温度应力和收缩应力、预应力损失增大
22. 抗渗等级、混凝土能抵抗 0.6MPa 的水压力而不渗漏
23. 抗渗等级、混凝土能承受反复冻融循环的次数为 100 次
24. C50、20mm、硅粉、高效减水剂；C35
25. 材料、施工、试验条件
26. 和易性、强度等级、耐久性、降低成本
27. 水胶比、砂率、单位用水量
28. 体积、各组成材料的绝对体积、所含空气体积
29. 轻集料、多孔、大孔

三、单选题

1. C　　2. B　　3. A　　4. A　　5. B
6. B　　7. C　　8. A

四、多选题

1. ABCD	2. ABC	3. ABC	4. ACD	5. AB
6. ABCD	7. AD	8. ABC	9. ABCD	10. AC
11. AB	12. ABCD	13. ABC	14. ABC	15. ABCD
16. BC	17. ABCD	18. ABCD	19. AD	20. BC
21. ABD	22. ABCD	23. ABC	24. AB	25. CD
26. ABD	27. ACD	28. ABC	29. ABCD	

五、名词解释

1. 和易性：是指混凝土拌和物能保持其组成成分均匀，不发生分层、离析、泌水等现象，便于施工操作，并能获得质量均匀、成型密实的混凝土的性能。

2. 合理砂率：是指在水泥用量及用水量一定的情况下，能使混凝土拌和物获得最大的流动性，且能保持黏聚性及保水性良好时的砂率值。或指混凝土拌和物获得所要求的流动性及良好的黏聚性及保水性，而水泥用量为最少时的砂率值。

3. 混凝土的碳化：是指混凝土内水化产物 $Ca(OH)_2$ 与空气中的 CO_2 在一定湿度条件下发生化学反应，产生 $CaCO_3$ 和水的过程，使混凝土的碱度下降，也称混凝土中性化。

4. 碱骨料反应：是指混凝土内水泥中所含的碱（K_2O 和 Na_2O），与骨料中的活性 SiO_2 发生化学反应，在骨料表面形成碱硅酸凝胶，吸水后将产生体积膨胀，从而导致混凝土膨胀开裂而破坏。

5. 徐变：混凝土在一定的应力水平下，保持荷载不变，随着时间的延续而增加的变形。

6. 蒸压养护：是将混凝土在高温和高压的蒸压釜中进行养护，以促进强度快速增长。

六、问答题

1. 普通混凝土的主要优点有：原材料来源丰富，造价低廉；施工方便；性能可根据需要设计调整；抗压强度高，匹配性好，与钢筋及钢纤维等有牢固的粘结力；耐久性好；耐火性良好，维修费少。

2. 普通混凝土的主要缺点及相应的改善方法

(1) 自重大，比强度低：可采用高强轻骨料替代石子，配制高强轻骨料混凝土。

(2) 抗拉强度低，抗裂性差：可配置钢筋、掺加纤维材料或掺加聚合物。

(3) 硬化缓慢、生产周期长：可使用早强水泥、掺加早强剂、采用蒸汽养护或蒸压养护等。

(4) 收缩变形大：可减少水泥用量、降低水灰比、掺加膨胀剂。

(5) 导热系数大，保温隔热性能较差：可采用轻混凝土。

3. 混凝土的发展趋势主要有以下几方面

(1) 高性能化：高性能一般是指高耐久性、高强度、高工作性、高体积稳定性。

(2) 智能化：是指在混凝土原有组分基础上复合智能型组分，使混凝土材料具有自感知和记忆、自调节、自修复特性的多功能材料。例如：自感知混凝土就是在混凝土基材加入导电相使混凝土具备本征自感应功能。在混凝土中加入具有温敏性的碳纤维，使得混凝土具有热电效应和电热效应。自修复混凝土是模仿动物的骨组织结构和受创伤后的再生、恢复机理，采用黏接材料和基材相复合的方法，对材料损伤破坏具有自行愈合和再生功能，恢复甚至提高材料性能的新型复合材料。将内含黏接剂的空心胶囊或空心纤维掺入混凝土材料中，一旦混凝土材料开裂，空心胶囊或空心纤维就会破裂而释放黏结剂，黏结剂流向开裂处，使之重新粘结起来，起到愈伤的效果。

（3）绿色环保，循环使用：充分利用工业废料，减少水泥用量；利用工业和建筑垃圾，替代天然骨料。

4. 对普通混凝土的基本要求

（1）满足便于搅拌、运输和浇捣密实的施工和易性；

（2）满足设计要求的强度，安全承载；

（3）满足工程所处环境条件所必需的耐久性；

（4）在满足上述三项要求的前提下，最大限度降低水泥用量，节约成本，即经济合理性。

5. 混凝土中各组成材料的作用

（1）砂、石等在混凝土中起骨架作用，且对混凝土的变形起稳定性作用。

（2）水泥和水形成水泥浆，在混凝土硬化前起润滑作用，赋予混凝土拌和物一定的流动性以便于施工操作；在混凝土硬化后，水泥浆形成的水泥石又起胶结作用，把砂、石等骨料胶结成为坚硬的整体，并产生力学强度。

（3）外加剂和掺和料，称为混凝土的第五、第六组分，它们能有效地改善混凝土的性能，减少水泥用量，并改善混凝土的施工工艺。它们是配制高强混凝土、泵送混凝土、高性能混凝土必不可少的组分。

6. 水泥的强度等级应与混凝土的强度等级相适应，目的是保证混凝土中有足够的水泥，既不过多，也不过少。因为水泥用量过多（低强水泥配制高强度混凝土），不仅不经济，而且会使混凝土收缩和水化热增大，对耐久性不利。水泥用量过少（高强水泥配制低强度混凝土），混凝土的黏聚性变差，不易获得均匀密实的混凝土，也严重影响混凝土的耐久性。

7. 配制混凝土时水泥品种的选择主要根据工程结构特点、工程所处环境及施工条件，依据各种水泥的特性，合理选择。另外，还应考虑外加剂和不同水泥品种之间适应性存在差异的问题。

8. 海砂和海水可用于配制一般的素混凝土，但不能直接用于配制钢筋混凝土，是因为氯离子含量高，易导致钢筋锈蚀；如要使用海砂，须经过淡水冲洗，使有害成分含量减少到要求以下。

9. 粗、细骨料中的有害杂质主要有黏土、硫化物及硫酸盐、有机质、氯盐等。黏土、泥块会阻碍水泥浆与骨料的粘结，并增大拌和用水量，使混凝土强度和耐久性降低；硫化物及硫酸盐，对水泥有腐蚀作用，降低混凝土的耐久性；有机质可腐蚀水泥，并影响水泥的水化，进而影响混凝土的硬化；氯盐会腐蚀钢筋。

10. 在对水质有怀疑时，应将该水与蒸馏水或饮用水进行水泥凝结时间、砂浆或混凝土强度对比试验。测得的水泥初凝时间差和终凝时间差不得大于 30min，其初凝和终凝时间还应符合水泥国家标准的规定。

用该水制成的砂浆或混凝土 28d 抗压强度应不低于蒸馏水或饮用水制成的砂浆或混凝土抗压强度的 90%。

11. 掺用减水剂的技术效果

(1) 配合比不变时显著提高流动性。

(2) 流动性和水泥用量不变时，可减少用水量，降低水灰比，提高强度。

(3) 保持流动性和强度不变（即水灰比不变）时，可以在减少拌和水量的同时，相应减少水泥用量。

(4) 可降低孔隙率，改善孔隙结构，提高密实度，从而提高混凝土的耐久性。

外加剂的掺加方法有先掺法、同掺法、滞水法和后掺法：

(1) 先掺法：将外加剂与水泥混合后再与骨料、水一起搅拌。不溶于水的粉剂常用此法。

(2) 同掺法：是将外加剂先溶于水形成溶液后再加入拌和物中一起搅拌。因易搅拌均匀，在工程中宜优先采用，但前提条件是外加剂可溶于水。

(3) 滞水法：在搅拌过程中外加剂滞后 1~3min 加入。因搅拌时间延长，一般不常用，多用拌制轻骨料混凝土，以避免外加剂被轻骨料吸附进骨料孔隙。

(4) 后掺法：指在混凝土拌和物运送到浇筑地点后，才加入外加剂再次搅拌均匀进行浇筑。因需二次或多次搅拌，适用于商品混凝土（运距远），且有混凝土搅拌运输车。

12. 根据细度、需水量比、烧失量、含水量和三氧化硫含量等指标，粉煤灰划分为Ⅰ级、Ⅱ级、Ⅲ级三个级别。Ⅰ级粉煤灰适用于钢筋混凝土和跨度小于 6m 的预应力钢筋混凝土；Ⅱ级粉煤灰适用于钢筋混凝土和无筋混凝土；Ⅲ级粉煤灰适用于无筋混凝土。对强度等级不低于 C30 的无筋粉煤灰混凝土，宜采用Ⅰ级、Ⅱ级粉煤灰。

常用的掺加方法有：等量取代法、超量取代法和外加法。等量取代法：是指以等质量粉煤灰取代混凝土中的水泥；超量取代法：指掺入的粉煤灰量超过取代的水泥量，超出的粉煤灰取代同体积的砂；外加法：又称为粉煤灰代砂法，指水泥用量不变，外掺粉煤灰，取代部分砂用量。

13. 粉煤灰在混凝土中，具有火山灰活性作用，它的活性成分 SiO_2 和 Al_2O_3 与水泥水化产物 $Ca(OH)_2$ 反应，生成水化硅酸钙和水化铝酸钙，成为胶凝材料的一部分，可节约水泥；粉煤灰呈微珠球状颗粒，具有增大混凝土（砂浆）的流动性、减少泌水、改善和易性、可泵性和抹面性的作用；若保持流动性不变，则可起到减水作用；其微细颗粒均匀分布在水泥浆中，填充孔隙，改善混凝土的孔结构，提高混凝土的密实度，从而使混凝土的耐久性得到提高。同时还可降低水化热、抑制碱骨料反应。

大掺量粉煤灰混凝土的抗碳化性会严重降低，是因为粉煤灰发生水化反应会消耗混凝土中的碱性成分 $Ca(OH)_2$，降低混凝土的碱度，从而加速其碳化速度。大掺量粉煤灰混凝土，若无保障措施，会使碱度进一步降低，抗碳化性严重降低。

14. 掺入硅灰，能改善混凝土的孔结构，提高混凝土抗渗性、抗冻性及抗腐蚀性，提高耐久性。硅灰还具有很高的火山灰活性，可显著提高混凝土强度，并有效抑制碱骨料反应。混凝土的抗冲磨性随硅粉掺量的增加而提高，故适用于水工建筑物的抗冲刷部位。

15．影响混凝土和易性的主要因素有：水泥浆的数量，水泥浆的稠度，砂率，单位用水量，浆骨比，组成材料性质的影响。

16．影响混凝土强度的主要因素有：水泥强度和水灰比（水胶比），骨料的性质，施工条件，养护条件，龄期，外加剂和掺和料，试验条件对测试结果的影响。

17．养护就是保持一定的温度和湿度，保证混凝土强度的增长，达到设计值。养护环境温度高，水泥水化速度加快，混凝土强度发展也快，早期强度高；反之亦然。若温度在冰点以下，不但水泥水化停止，而且有可能因冰冻导致混凝土结构疏松，强度严重降低。养护环境相对湿度低，空气干燥，混凝土中的水分挥发加快，致使混凝土缺水而停止水化，混凝土强度发展受阻。另一方面，混凝土在强度较低时失水过快，极易引起干缩开裂，影响混凝土耐久性。因此，应特别加强混凝土早期的浇水养护，确保混凝土内部有足够的水分使水泥充分水化。水泥及活性掺和料完成水化反应，需要一定时间，因此要保证足够的养护时间。

龄期是指混凝土在正常养护下所经历的时间。随养护龄期增长，水泥水化程度提高，凝胶体增多，自由水和孔隙率减少，密实度提高，混凝土强度也随之提高。最初的7d内强度增长较快，而后增幅减少，28d以后，强度增长更趋缓慢，但如果养护条件得当，则在数十年内仍将有所增长。

混凝土浇筑完毕后12h内应开始养护，对硅酸盐水泥、普通水泥和矿渣水泥配制的混凝土浇水养护不得少于7d；对粉煤灰水泥、火山灰质水泥、复合水泥及掺有缓凝剂、膨胀剂、大量掺和料或有防水抗渗要求的混凝土浇水养护不得少于14d。

18．提高混凝土强度可从以下几方面采取措施

（1）采用高强度等级水泥。

（2）尽可能降低水灰比，或采用干硬性混凝土。

（3）采用优质砂石骨料，选择合理砂率。

（4）采用机械搅拌和机械振捣，确保搅拌均匀性和振捣密实性，加强施工管理。

（5）改善养护条件，保证合理的温度和湿度条件，必要时可采用湿热处理。

（6）掺加合适的外加剂和掺和料。

19．混凝土是热的不良导体，散热较慢，在混凝土硬化初期，释放的大量水化热将在混凝土内部蓄积而使混凝土的内部温度升高，这种现象对大体积混凝土来说尤为明显，有时可使内外温差高达50～70℃。较大的混凝土内外温差将使内部混凝土的体积产生较大膨胀，而外部混凝土随气温降低而收缩，致使外部混凝土产生拉应力，严重时将导致混凝土产生"温度裂缝"。

对大体积混凝土工程，必须设法采取有效措施，以减少因温度变形而引起的混凝土质量问题，可采用低热或中热水泥，掺加粉煤灰等掺和料，减少水泥用量，掺加缓凝剂，采用人工降温（冰水拌和或预冷骨料），设温度伸缩缝，以及在结构内配置温度钢筋等。

20．水灰比和水泥用量是影响混凝土抗渗性能的最主要因素。

水灰比越大，孔隙率越大，又多为连通孔隙，故混凝土抗渗性能越差。

而水泥用量的多少，在某种程度上可由水灰比表示。因为混凝土达到一定流动性的用水量基本一定，水泥用量少，亦即水灰比大。在一定范围内，水泥用量大，混凝土密实度增加。而水泥用量过低，不仅影响混凝土密实度，还会降低抗碳化性能和抗氯离子渗透能力。

为了保证混凝土的耐久性，对水灰比和水泥用量必须加以控制。

21. 混凝土冻融破坏的机理，主要是内部毛细孔中的水结冰时产生9%左右的体积膨胀，在混凝土内部产生膨胀应力，当这种膨胀应力超过混凝土局部的抗拉强度时，就可能产生微细裂缝，在反复冻融作用下，混凝土内部的微细裂缝逐渐增多和扩大，最终导致混凝土强度下降，或混凝土表面（特别是棱角处）产生酥松剥落，直至完全破坏。

提高混凝土抗冻性，关键是提高混凝土的密实性。掺加引气型减水剂，降低水灰比；加强施工管理并合理养护（振捣密实，避免干缩开裂），掺入引气剂改善孔结构等。

22. 碳化作用对混凝土的负面影响主要有两方面：一是碳化作用使混凝土的收缩增大，导致混凝土表面产生拉应力，从而降低混凝土的抗拉强度和抗折强度，严重时直接导致混凝土开裂。由于开裂降低了混凝土的抗渗性能，使得CO_2和其他腐蚀介质更易进入混凝土内部，加速碳化作用，降低耐久性。二是碳化作用使混凝土的碱度降低，失去混凝土强碱环境对钢筋的保护作用，导致钢筋锈蚀膨胀，严重时，使混凝土保护层沿钢筋纵向开裂，直至剥落，进一步加速碳化和腐蚀，严重影响钢筋混凝土结构的力学性能和耐久性能。

碳化作用也有有利的方面：一方面是碳化作用生成的$CaCO_3$能填充混凝土中的孔隙，使密实度提高；另一方面，碳化作用释放出的水分有利于促进未水化水泥颗粒的进一步水化。因此，碳化作用能适当提高混凝土的抗压强度。

对混凝土结构工程而言，碳化作用造成的危害远远大于抗压强度的提高。

23. 提高混凝土的耐久性可以从以下几方面进行

(1) 控制混凝土最大水灰比和最小水泥用量。

(2) 合理选择水泥品种。

(3) 选用品质良好、级配合格的骨料。

(4) 加强施工质量控制。

(5) 采用适宜的外加剂。

(6) 掺入粉煤灰、磨细矿粉、硅灰或沸石粉等活性混合材料。

24. 混凝土拌和物和易性合格是保证混凝土浇筑质量的前提条件。

(1) 流动性小，拌和物太稠，混凝土难以振捣密实，易造成内部孔隙增多，并在混凝土表面产生麻面、蜂窝、孔洞等质量缺陷；流动性过大，拌和物过稀，易分层离析，影响硬化后混凝土的均匀性。

(2) 黏聚性不好，砂浆与石子容易分离，振捣后会出现蜂窝、孔洞、"烂柱脚"等现象，严重影响混凝土工程质量。

(3) 保水性差的新拌混凝土中的一部分水易从内部析出至表面，在水渗流之处留下许多毛细管孔道，成为以后混凝土内部的透水通道。另外，在水分上升的同时，一部分水还会滞留在石子及钢筋的下缘形成水隙，从而减弱石子或钢筋与水泥浆之间的黏结力。而且水分及泡沫等轻物质浮在表面，还会使混凝土上下浇筑层之间形成薄弱的夹层，并易导致混凝土表面干缩开裂。这些都将影响混凝土的密实及均匀性，并降低混凝土的强度和耐久性。

25. 当混凝土配合比确定后，其水灰比是一定的，水灰比是混凝土配合比中非常重要的一个参数，影响到混凝土的强度和耐久性等性质。若在混凝土浇筑现场，施工人员随意向新拌混凝土中加水，则改变了混凝土的水灰比，使混凝土的水灰比增大，导致混凝土的强度、耐久性降低，所以严禁在现场浇筑混凝土时，施工人员随意向新拌混凝土中加水。而混凝土成型后，混凝土中的水分会不断地蒸发，对混凝土的强度发展不利，为了保证混凝土凝结硬化所需的水分，所以要进行洒水养护。

26. 不同试验情况结果如下
(1) 试件尺寸加大，实验值将偏小。
(2) 试件高宽比加大，实验值将偏小。
(3) 试件受压表面加润滑剂，实验值将偏小。
(4) 试件位置偏离支座中心，实验值将偏小。
(5) 加荷速度加快，实验值将偏大。

27. 普通混凝土配合比设计可分为以下四个步骤：
(1) 根据原材料的技术性质和对混凝土的技术要求通过计算或者查找相关表格，求出混凝土的初步配合比。
(2) 经实验室的试配、满足和易性要求的基准配合比。
(3) 经混凝土强度、混凝土拌和物表观密度校核后，得出强度和表观密度都满足要求的实验室配合比。
(4) 根据现场砂石实际含水率，扣减砂石含水量后得出施工配合比。

七、计算题

1. 答案
14d 的破坏荷载，取三个值的平均值 $F=(324+336+318)/3=326(kN)$

14d 的抗压强度 $\quad f'_{14}=\dfrac{F}{A}=\dfrac{326\times1000}{100\times100}=32.6(MPa)$

换算成标准立方体抗压强度，乘以换算系数 0.95，$f_{14}=32.6\times0.95=30.97(MPa)$

估算 28d 抗压强度：

$$f_{28}=\dfrac{\lg28}{\lg14}\times30.97=39.1(MPa)$$

2. 答案

表中各筛余质量合计 $=50+150+150+50+50+35+15=500(g)$

(1) 根据公式，分计筛余率和累计筛余率计算结果列于下表。

分计筛余率和累计筛余率计算结果

筛孔尺寸（mm）	4.75	2.36	1.18	0.60	0.30	0.15	<0.15
分计筛余率（%）	10	30	30	10	10	7	3
累计筛余率（%）	10	40	70	80	90	97	100

（2）计算细度模数：

$$\mu_f = \frac{(A_2+A_3+A_4+A_5+A_6)-5A_1}{100-A_1} = \frac{(40+70+80+90+97)-5\times 10}{100-10} = \frac{327}{90} = 3.63$$

（3）确定级配区：该砂样在 0.60mm 筛上的累计筛余率 $A_4=80\%$ 落在Ⅰ级区，2.36mm 和 1.18mm 号筛累计筛余超界 5%，在允许范围；其他各筛上的累计筛余率也均落在Ⅰ级区规定的范围内，因此可以判定该砂为Ⅰ级区砂。

（4）结果评定：该砂的细度模数 $\mu_f=3.63$，属粗砂；该砂经人工掺配后偏粗，虽然可用于配制混凝土，但不理想，应掺配成级配良好的Ⅱ级区砂的中砂。

3. 答案

根据砂率计算公式：

$$S_P = \frac{S}{S+G} \times 100\%$$

有：

$$35\% = \frac{570}{570+G} \times 100\%$$

解得：

$$G = 1059 \text{kg}$$

4. 答案：初步配合比的确定（$f_{cu,o}$）。

（1）配制强度的确定

$$f_{cu,o} = f_{cu,k} + 1.645\sigma = 30 + 1.645 \times 4.8 = 37.9(\text{MPa})$$

（2）初步水胶比（W/B）的确定（本题中采用碎石，查教材表 3-36，得 $\alpha_a=0.53$；$\alpha_b=0.20$

$$\frac{W}{B} = \frac{W}{C} = \frac{\alpha_a f_{ce}}{f_{cu,o}+\alpha_a \alpha_b f_{ce}} = \frac{0.53 \times 47.1}{37.9+0.53\times 0.20\times 47.1} = 0.58$$

根据教材表 3-39 耐久性能要求，W/C 不大于 0.60，取 W/C=0.58。

（3）确定单位用水量（W_0）。粗集料最大粒径 $D_{max}=40$mm，坍落度为 35～50mm，查教材表 3-32，选单位用水量为 175kg/m³。

（4）计算水泥用量（C_0）：

$$C_0 = \frac{W_0}{W/C} = \frac{175}{0.58} = 302(\text{kg})$$

根据教材表 3-39，本工程要求最小水泥用量为 280kg/m³，故选水泥用量为 302kg/m³。

（5）确定砂率：

查教材表 3-30，据 $D_{max}=40$mm 和水灰比在 0.5～0.6 范围内，本题中取 $S_P=36\%$。

（6）计算砂、石用量（采用体积法）：

$$\frac{C_0}{\rho_c} + \frac{S_0}{\rho_s} + \frac{G_0}{\rho_g} + \frac{W_0}{\rho_w} + 0.01\alpha = \frac{302}{3100} + \frac{S_0}{2640} + \frac{G_0}{2680} + \frac{175}{1000} + 1\times 1\% = 1$$

$$S_P = \frac{S_0}{S_0+G_0} \times 100\% = 36\%$$

解方程组得：$S_0 = 689\text{kg}$ $G_0 = 1224\text{kg}$

经初步计算，每立方米混凝土材料用量为：水泥 302kg；水 175kg；砂 689kg；石子 1224kg。

5. 答案

施工配合比的换算：

$$C' = 360\text{kg}$$
$$S' = S(1+a\%) = 680 \times (1+3\%) = 700(\text{kg})$$
$$G' = G(1+b\%) = 1280 \times (1+1\%) = 1293(\text{kg})$$
$$W' = W - S \times a\% - G \times b\% = 180 - 680 \times 3\% - 1280 \times 1\% = 147(\text{kg})$$

该混凝土施工配合比为 $C:S:G = 1:1.94:3.59$；水灰比 $C:W = 0.41$

6. 答案

1m^3 混凝土各项材料用量：

水泥：$\dfrac{4.5}{4.5+2.7+9.9+18.9} \times 2400 = 300(\text{kg})$

水：$\dfrac{2.7}{4.5+2.7+9.9+18.9} \times 2400 = 180(\text{kg})$

砂：$\dfrac{9.9}{4.5+2.7+9.9+18.9} \times 2400 = 660(\text{kg})$

碎石：$\dfrac{18.9}{4.5+2.7+9.9+18.9} \times 2400 = 1260(\text{kg})$

7. 答案

已知 $W/C=0.5$，$W=180\text{kg}$，$S_P=33\%$，实测混凝土拌和物 $\rho_{o实}=2400\text{kg/m}^3$

(1) $C = 180/0.5 = 360\text{kg}$

(2) 按质量法有：$C+S+G+W = 360+S+G+180 = 2400$ (a)

根据砂率有：$\dfrac{S}{S+G} \times 100\% = 33\%$ (b)

将式 (a) 与式 (b) 联立得：$S=614\text{kg}$；$G=1246\text{kg}$

即各种材料的配合比为：$C=360\text{kg}$；$W=180\text{kg}$；$S=614\text{kg}$；$G=1246\text{kg}$

8. 答案

根据施工配合比，水泥：砂：石子：水 $=308:700:1260:128$

由：$S' = S(1+a\%) = S \times (1+4.2\%) = 700\text{kg}$

可计算出：$S = 671.8\text{kg}$

由：$G' = G(1+b\%) = G \times (1+1.6\%) = 1260\text{kg}$

可计算出：$G = 1240.2\text{kg}$

由：$W' = W - S \times a\% - G \times b\% = W - 671.8 \times 4.2\% - 1240.2 \times 1.6\% = 128\text{kg}$

可计算出：$W = 176\text{kg}$

实验室配合比，水泥：砂：石子：水 $= 308:671.8:1240.2:176 = 1:2.2:4.0:0.57$

八、案例分析

1. **【案例分析】** 此现象与混凝土浇筑后的早期养护有关。现浇楼板是薄而面大的构件，本身就容易产生收缩裂缝，而高层施工，随高度增大，混凝土的坍落度也随之增大，混凝土的体积收缩增大。施工时是干燥多风的春季，楼层增高，风的流速增大，会大大加快混凝土的水分蒸发，若沿用在低层施工时的经验，不随环境条件调整养护方案，不能及时覆盖并保湿，就会产生材料和施工相同，但高楼层出现楼板裂缝的现象。

2. **【案例分析】** 据环境条件、工程特点和破坏现象，原因可能有以下几方面：

(1) 桥梁设计时间为1998年，而现在的交通流量远远超出20世纪90年代，并且一些大型超载车辆，会超出桥梁的设计荷载，桥梁变形加大，挠度增加而产生裂缝；裂缝延展，使钢筋失去保护层的防护，钢筋逐渐锈蚀，而铁锈膨胀进一步胀裂混凝土。

(2) 混凝土方面问题：①碳化造成的裂缝和钢筋锈蚀；②冻融破坏引起的开裂；③碱骨料反应产生的膨胀开裂；④含氯盐的融雪剂以及外加剂中所含氯离子对混凝土和钢筋的侵蚀；⑤混凝土施工质量差，不密实，表面存在蜂窝、孔洞，使水分渗入。

第四章 建 筑 砂 浆

一、判断题（正确的打√，错误的打×）

1. 砂浆的和易性与混凝土的和易性相同。（   ）
2. 新拌砂浆的和易性包括流动性和保水性两方面。（   ）
3. 砂浆的流动性越大越好。（   ）
4. 砂浆的保水性是根据稠度来评定的。（   ）
5. 新拌砂浆能够保持水分的能力称为保水性。（   ）
6. 砂浆的流动性是根据沉入度的大小来判定的。（   ）
7. 一般情况下，多孔吸水砌体材料，砂浆的流动性应大些。（   ）
8. 分层度越小，砂浆的保水性越好，则砂浆的性能越好。（   ）
9. 抹面砂浆和砌筑砂浆的功能相同。（   ）
10. 使用预拌砂浆可提高劳动生产率，改善劳动条件。（   ）

二、填空题

1. 建筑砂浆是由_____、_____、_____和水等材料按适当比例配制而成。
2. 砂浆按胶凝材料的不同，可分为_____、_____和_____等。
3. 砂浆按用途可分为_____砂浆、_____砂浆、_____砂浆和_____砂浆等。
4. 建筑砂浆的主要技术性质包括新拌砂浆的_____、硬化砂浆的_____强度和_____，以及变形与耐久性等性质。
5. 砂浆的和易性包括_____性和_____性两方面。
6. 砂浆的_____值越大，表示砂浆的流动性越好。
7. _____称为砂浆的保水性。
8. 砌筑砂浆的保水性用_____衡量。
9. 砂浆强度是以边长为_____mm的立方体试块，按标准条件养护至_____d测得的抗压强度值确定的。
10. 用于砌筑不吸水基底的砂浆，其强度取决于_____和_____。
11. 用于砌筑多孔吸水基底的砂浆，其强度取决于_____和_____。
12. 砂浆的配合比用_____来表示。
13. 预拌砂浆，又称为_____，按生产的搅拌形式可分为_____砂浆与_____砂浆两种。

14. 干拌砂浆储存期不宜超过_____个月。
15. 预拌砂浆按照胶凝材料的种类，可分为_____砂浆和_____砂浆。

三、单选题

1. 砂浆的流动性用（　　）表示。
   A. 针入度　　　　　　　　　　B. 分层度
   C. 沉入度　　　　　　　　　　D. 密度
2. 配制砂浆，尽量采用（　　）水泥。
   A. 硅酸盐　　　　　　　　　　B. 砌筑或低强度
   C. 铝酸盐　　　　　　　　　　D. 道路
3. 预拌砂浆又称为（　　）砂浆。
   A. 商品　　　　　　　　　　　B. 干拌
   C. 装饰　　　　　　　　　　　D. 湿拌
4. 砂浆与混凝土相比较，缺少（　　）材料。
   A. 细骨料　　　　　　　　　　B. 粗骨料
   C. 水泥　　　　　　　　　　　D. 水
5. 砖砌体使用的砂浆宜选用以下（　　）砂。
   A. 细砂　　　　　　　　　　　B. 粗砂
   C. 中砂　　　　　　　　　　　D. 特细砂
6. 砂浆中加石灰膏的作用是提高（　　）。
   A. 黏聚性　　　　　　　　　　B. 强度
   C. 保水性　　　　　　　　　　D. 流动性
7. 砂浆抗压强度标准试块尺寸为（　　）mm。
   A. 150　　　　　　　　　　　B. 70.7
   C. 100　　　　　　　　　　　D. 40×40×160
8. 干拌砌筑砂浆的代号用（　　）表示。
   A. DPM　　　　　　　　　　　B. DSM
   C. WMM　　　　　　　　　　　D. DMM
9. 为合理利用资源，配制砂浆时应尽量选用（　　）水泥和砌筑水泥。
   A. 高强度等级　　　　　　　　B. 低强度等级
   C. 特种　　　　　　　　　　　D. 硅酸盐
10. 凡涂在建筑物或构件表面的砂浆，可通称为（　　）。
    A. 砌筑砂浆　　　　　　　　　B. 抹面砂浆
    C. 混合砂浆　　　　　　　　　D. 防水砂浆

四、多选题（选出两个以上正确答案）

1. 建筑砂浆是由（　　）等材料按适当比例配制而成的。
   A. 胶凝材料　　　　　　　　　B. 粗骨料

C. 细骨料 D. 掺加料
E. 水

2. 砂浆按胶凝材料不同可分为（　　）。
   A. 砌筑砂浆 B. 水泥砂浆
   C. 石灰砂浆 D. 混合砂浆
   E. 装饰砂浆

3. 砌筑砂浆具有（　　）等技术性质。
   A. 新拌砂浆的和易性 B. 硬化砂浆的强度
   C. 硬化砂浆的粘结力 D. 硬化砂浆的变形
   E. 硬化砂浆的耐久性

4. 新拌砂浆的和易性包括（　　）。
   A. 流动性 B. 黏聚性
   C. 保水性 D. 强度
   E. 耐久性

5. 砂浆的流动性用（　　）表示。
   A. 针入度 B. 稠度值
   C. 沉入度 D. 分层度
   E. 坍落度

6. 预拌砂浆按使用功能分为（　　）。
   A. 预拌砂浆 B. 特种预拌砂浆
   C. 干拌砂浆 D. 湿拌砂浆
   E. 石灰砂浆

7. 预拌砂浆按胶凝材料的种类可分为（　　）。
   A. 石灰砂浆 B. 水泥砂浆
   C. 石膏砂浆 D. 抹面砂浆
   E. 保温砂浆

8. 自流平砂浆的关键技术是（　　）。
   A. 掺用合适的外加剂 B. 严格控制砂的级配和颗粒形态
   C. 选择合适的水泥和掺和料 D. 严格控制水量
   E. 采用强度高的水泥

9. 为了保证抹灰质量及表面平整，避免裂缝脱落，抹面砂浆常分为（　　）进行施工。
   A. 一层 B. 二层
   C. 三层 D. 四层
   E. 五层

10. 砌筑多孔吸水基底的砂浆强度取决于（　　）。
    A. 水泥强度 B. 水灰比
    C. 水泥用量 D. 砂率

E. 单位用水量

五、名词解释

1. 砂浆的和易性
2. 砂浆的流动性
3. 砂浆配合比
4. 装饰砂浆
5. 抹面砂浆

六、问答题

1. 影响砂浆抗压强度的因素有哪些？
2. 砌筑砂浆配合比设计的步骤有哪些？
3. 新拌砂浆的和易性包括哪些含义？各用什么指标表示？
4. 用于吸水基面和不吸水基面的两种砂浆，影响其强度的决定性因素各是什么？

七、计算题

某砌筑工程用水泥石灰混合砂浆，要求砂浆的强度等级为M7.5，稠度为70~90mm。所用原材料为：水泥采用32.5等级的矿渣硅酸盐水泥，强度富余系数为1.13；采用中砂，堆积密度为1450kg/m³，含水率为2%；石灰膏的稠度为110mm。施工水平一般。试计算砂浆的配合比。

第四章 参 考 答 案

一、判断题

1. × 2. √ 3. × 4. × 5. √
6. √ 7. √ 8. × 9. × 10. √

二、填空题

1. 胶凝材料、细骨料、掺加料
2. 水泥砂浆、石灰砂浆、混合砂浆
3. 砌筑、抹面、装饰、特种
4. 和易性、抗压、黏聚力
5. 流动，保水
6. 沉入度
7. 新拌砂浆能够保持水分的能力
8. 保水率
9. 70.7，28
10. 水泥强度，水灰比
11. 水泥强度，水泥用量
12. 每立方米砂浆中各种材料的用量
13. 商品砂浆、干拌、湿拌
14. 3
15. 水泥，石膏

三、单选题

1. C 2. B 3. A 4. B 5. C
6. C 7. B 8. D 9. B 10. B

四、多选题

1. ACDE 2. BCD 3. ABCDE 4. AC 5. BC
6. AB 7. BC 8. ABC 9. BC 10. AC

五、名词解释

1. 砂浆的和易性：是指新拌制砂浆的工作性，即在施工中易于操作而且能保证工程质量的性质，包括流动性和保水性两方面。

2. 砂浆的流动性：又称稠度，是指砂浆在自重或外力作用下流动的性能。

3. 砂浆配合比：用每立方米砂浆中各种材料的用量来表示。

4. 装饰砂浆：在建筑物内外墙表面，且具美观装饰效果的抹灰砂浆通称为装饰砂浆。

5. 抹面砂浆：也称抹灰砂浆，是将砂浆以薄层涂抹于建筑物表面，用以保护墙体、柱面等，提高建筑物防风、雨及潮气侵蚀的能力，并有装饰作用。

六、问答题

1. 影响砂浆的抗压强度的因素很多，其中主要的影响因素是原材料的性能和用量，如水泥的强度等级与用量。此外，水灰比、集料状况、砌筑层（砖、石、砌块）吸水性、砂的质量、掺和材料的品种及用量、养护条件（温度和湿度）都会影响砂浆的强度和强度增长。

2. 砂浆配合比设计的步骤：

（1）计算砂浆试配强度 $f_{m,o}$（MPa）。

（2）按吸水基底强度公式计算出每立方米砂浆中的水泥用量 Q_C（kg）。

（3）按水泥用量 Q_C 计算每立方米砂浆中掺加料用量 Q_D（kg）。

（4）确定每立方米砂浆中砂用量 Q_S（kg）。

（5）确定每立方米砂浆中用水量 Q_W（kg）。

3. 和易性是指新拌制砂浆的工作性，即在施工中易于操作而且能保证工程质量的性质，包括流动性和保水性两方面，分别用沉入度和分层表示。一般情况下多孔吸水的砌体材料或干热的天气，砂浆的流动性应大些；而密实不吸水的材料或湿冷的天气，其流动性应小些。保水性好的砂浆分层度以 10～30mm 为宜。

4. 用于粘结吸水性较大的底面材料（如砖、砌块）的砂浆，砂浆中一部分水分会被底面吸收，由于砂浆必须具有良好的和易性，即使用水量不同，经底层吸水后，留在砂浆中的水分大致相同，可视为常量。在这种情况下，砂浆的强度取决于水泥强度和水泥用量，可不必考虑水灰比；用于粘结吸水性较小、密实的底面材料（如石材）的砂浆，其强度取决于水泥强度和水灰比。

七、计算题

答案

(1) 计算试配强度 $f_{m,o}$：

$$f_{m,o}=kf_2$$

式中：$f_2=7.5\text{MPa}$；$k=1.20$（查教材表格 4-5）。

$$f_{m,o}=1.20\times 7.5=9.0(\text{MPa})$$

(2) 计算水泥用量 Q_C：

$$Q_C=\frac{1000(f_{m,o}-\beta)}{\alpha\cdot f_{ce}}$$

式中：$f_{m,o}=9.0\text{MPa}$；$\alpha=3.03$、$\beta=-15.09$。

$$f_{ce}=32.5\times 1.13=36.73(\text{MPa})$$

$$Q_C=\frac{1000\times(9.0+15.09)}{3.03\times 36.73}=216\text{kg}>200\text{kg}，即水泥用量为 216\text{kg}。$$

(3) 计算石灰膏用量 Q_D：

$$Q_D=Q_A-Q_C$$

式中：Q_A 取 350kg；则 $Q_D=350-216=134(\text{kg})$。

因为石灰膏的稠度为 110mm，其用量应乘以换算系数进行换算，查教材表格 4-1，石灰膏稠度为 110mm 时，换算系数为 0.99。

所以 $Q_D=134\times 0.99=133(\text{kg})$

(4) 计算砂子用量 Q_S：

$$Q_S=1450\times(1+2\%)=1479(\text{kg})$$

(5) 确定用水量 Q_W：

查教材表格 4-6，混合砂浆用水量可在 210～310kg 之间选取，题目中已知砂浆稠度为 70～90mm，可选取 280kg，扣除砂中所含水量，拌和用水量为：

$$Q_W=280-1450\times 2\%=251(\text{kg})$$

砂浆试配时各材料的用量比例：

$$Q_C:Q_D:Q_S:Q_W=216:133:1479:251=1:0.62:6.85:1.16$$

再经试配、调整，即可确定施工所用的砂浆配合比。

第五章 砌 体 材 料

一、判断题（正确的打√，错误的打×）

1. 烧结普通砖的标准尺寸为 240mm×115mm×53mm。（　）
2. 红砖比青砖结实、耐碱和耐久，质量较好。（　）
3. 烧砖时窑内为氧化气氛制得青砖，为还原气氛时制造得红砖。（　）
4. 烧结黏土砖生产成本低，性能好，可大力发展。（　）
5. 多孔砖和空心砖都具有自重较小，绝热性能较好的优点，故它们均适合用来砌筑建筑物的承重内外墙。（　）
6. 石材的抗冻性用软化系数表示。（　）
7. 石灰爆裂即过火石灰在砖体内吸水消化时产生膨胀，导致砖发生膨胀破坏。（　）
8. 灰砂砖宜于酸性环境下使用。（　）
9. 石材的软化系数越大，耐水性能越好。（　）
10. 烧结普通砖的强度等级是采用 10 块砖试样的强度试验评定的。（　）

二、填空题

1. 烧结普通砖的外形尺寸是_____，1m³ 砖砌体需用标准砖_____块。
2. 按 GB 5101—2003 和 GB 13544—2000 规定，确定烧结普通砖和烧结多孔砖强度等级时，必须是抽取_____块砖试样，进行_____试验，按_____评定砖的强度等级。
3. 生产烧结普通砖时，在_____气氛中烧结得红砖，若再在_____气氛中闷窑，促使砖内红色高价氧化铁_____成青灰色的低价_____，则制得青砖。
4. 烧结普通砖按原料分为_____、_____、_____和_____等四种类型。
5. 砖的泛霜根据泛霜程度可分为_____、_____、_____、_____四种。
6. 烧结普通砖的技术要求主要包括_____、_____、_____、_____、_____和_____等；按抗压强度分为_____个强度等级。
7. 烧结多孔砖主要用于六层以下建筑物的_____；烧结空心砖一般用于砌筑_____。
8. 蒸压灰砂砖分为_____、_____、_____、_____等四个强度等级；根据尺寸偏差和外观质量分为_____、_____和_____。
9. 常见的砌块类型有_____、_____、_____等。
10. 软化系数大于_____的石材为高耐水性石材，软化系数为_____的石材为中耐水性石材。

三、单选题

1. 烧结普通砖的产品等级是根据以下哪个确定的（　　）。
   A. 尺寸偏差
   B. 外观质量
   C. 尺寸偏差、外观质量、泛霜和石灰爆裂等
   D. 强度等级

2. 砌筑有保温要求的非承重墙时，宜选用（　　）。
   A. 烧结普通砖　　　　　　　　B. 烧结多孔砖
   C. 烧结空心砖　　　　　　　　D. A＋B

3. 灰砂砖和粉煤灰砖的性能与（　　）比较相近，基本上可以相互替代使用。
   A. 烧结空心砖　　　　　　　　B. 普通混凝土
   C. 烧结普通砖　　　　　　　　D. 加气混凝土砌块

4. 强度等级为MU15级以上的灰砂砖可用于（　　）建筑部位。
   A. 一层以上　　　　　　　　　B. 防潮层以上
   C. 基础　　　　　　　　　　　D. 任何部位

5. 烧结普通黏土砖的标准尺寸为（　　）。
   A. 240mm×115mm×53mm　　　　B. 240mm×190mm×53mm
   C. 240mm×115mm×90mm　　　　D. 240mm×190mm×190mm

6. 红砖砌筑前，一定要进行浇水润湿，其主要目的是（　　）。
   A. 把砖冲洗干净　　　　　　　B. 保证砌砖时，砌筑砂浆的稠度
   C. 加强砂浆对砖的胶结力　　　D. 减少砌筑砂浆的用水量

7. 砌筑有保温要求的承重墙时，宜选用（　　）。
   A. 烧结普通砖　　　　　　　　B. 烧结多孔砖
   C. 烧结空心砖　　　　　　　　D. A＋B

8. 砌体材料中的黏土多孔砖与普通黏土砖相比所具备的特点，下列哪条是错误的？
   A. 少耗黏土、节省耕地　　　　B. 缩短焙烧时间、节约燃料
   C. 减轻自重、改善隔热吸声性能　D. 不能砌筑5层、6层建筑物的承重墙

9. MU10灰砂砖的应用范围是（　　）。
   A. 可用于基础　　　　　　　　B. 仅可用于防潮层以上的建筑
   C. 可用于受急冷急热的建筑部位　D. 任何部位

10. 检验烧结普通砖的强度等级，需取（　　）块试样进行试验。
    A. 1　　　　　　　　　　　　B. 5
    C. 10　　　　　　　　　　　 D. 15

11. 关于烧结普通砖中的黏土砖，正确的理解是（　　）。
    A. 消耗耕地，限制或淘汰，发展新型墙体材料
    B. 生产成本低，需着重发展

C. 生产工艺简单，需大力发展
D. 生产能耗低，需大力发展

12. 下面哪项不是加气混凝土砌块的特点（   ）。
A. 轻质   B. 保温隔热
C. 加工性能好   D. 韧性好

13. 建筑石膏制品可在下述哪些建筑部位使用（   ）。
(1) 非承重内墙 (2) 非承重外墙 (3) 顶棚吊顶 (4) 室内地面
A. (1)、(2)、(3)   B. (2)、(3)、(4)
C. (1)、(3)   D. (2)、(4)

14. 烧结普通砖抗压强度测定时，变异系数若不大于 0.21，其强度等级按（   ）确定。
A. 抗压强度及抗折荷载   B. 大面及条面抗压强度
C. 抗压强度的平均值及单块最小值   D. 抗压强度的平均值及抗压强度的标准值

15. 鉴别过火砖和欠火砖的常用方法是（   ）。
A. 根据砖的强度   B. 根据砖颜色的深浅及敲击声音
C. 根据砖的外形尺寸   D. 根据砖的外形

16. 烧结普通砖的强度等级用 MU 表示，共分为（   ）个等级。
A. 4   B. 5
C. 6   D. 7

17. 烧结普通砖的质量等级评价依据不包括（   ）。
A. 尺寸偏差   B. 砖的外观质量
C. 泛霜   D. 自重

18. 下列有关砌墙砖的叙述，错误的一条是（   ）。
A. 烧结普通砖为无孔洞或孔洞率小于 15% 的实心砖，有 3 个产品等级，优等品 (A)、一等品 (B)、合格品 (C)，强度等级有 MU30、MU25、MU20、MU15、MU10 共 5 个，标准尺寸为 240mm×115mm×53mm，1m³ 砖砌体需砖 512 块。
B. 烧结多孔砖表观密度约为 1400kg/m³，强度等级与烧结普通砖相同。
C. 烧结空心砖强度较低，常用于砌筑非承重墙，表现密度在 800~1100kg/m³。
D. 蒸压灰砂砖原材料为水泥、砂及水，不宜用于长期受热高于 200℃，受急冷急热交替作用或有酸性介质侵蚀的建筑部位，也不能用于有流水冲刷的地方。

19. 石料的坚固性用（   ）来测定。
A. 硫酸钠侵蚀法   B. 软化系数
C. 冻融循环法   D. 抗压强度

四、名词解释

1. 石灰爆裂
2. 泛霜
3. 烧结普通砖

4. 抗风化性能

5. 蒸压加气混凝土砌块

五、问答题

1. 烧结黏土砖在砌筑施工前为什么一定要浇水润湿？
2. 何谓烧结普通砖的泛霜和石灰爆裂？它们对建筑物有何影响？
3. 目前所用的墙体材料有哪几种？简述墙体材料的发展方向。
4. 什么是红砖、青砖？如何鉴别欠火砖和过火砖？
5. 为何要限制烧结黏土砖，发展新型墙体材料？
6. 如何区分实心砖、多孔砖和空心砖？与普通黏土砖相比有哪些优点？
7. 烧结多孔砖和空心砖各有什么用途？

六、计算题

某烧结普通砖试验，10块砖样的抗压强度值分别为：18.2MPa、21.1MPa、19.5MPa、20.9MPa、18.3MPa、18.8MPa、18.2MPa、18.2MPa、19.8MPa、19.8MPa，试确定该砖的强度等级。

七、案例分析

1. 【案例】砖的爆裂

某工地备用红砖10万块，在储存2个月后，尚未砌筑施工就发现有部分砖自裂成碎块，试分析原因。

2. 【案例】灰砂砖墙体裂缝

某建筑采用蒸压灰砂砖砌筑，由于工期紧，用的是生产仅一周的灰砂砖砌筑。工程完工一个月后，墙体出现较多垂直裂缝。

第五章 参 考 答 案

一、判断题

1. √   2. ×   3. ×   4. ×   5. ×
6. ×   7. √   8. ×   9. √   10. √

二、填空题

1. 240mm×115mm×53mm，512

2. 10，抗压强度，抗压强度平均值

3. 氧化，还原，还原，氧化亚铁

4. 烧结黏土砖、烧结煤矸石砖、烧结页岩砖、烧结粉煤灰砖

5. 无泛霜、轻微泛霜、中等泛霜、严重泛霜

6. 尺寸偏差、外观质量、强度等级、泛霜、石灰爆裂、抗风化性
7. 承重墙；非承重墙
8. MU10、MU15、MU20、MU25；优等品（A）、一等品（B）、合格品（C）
9. 普通混凝土小型空心砌块、轻骨料混凝土小型空心砌块、蒸压加气混凝土砌块
10. 0.9；0.7~0.9

三、单选题

1. C	2. C	3. C	4. D	5. A
6. B	7. B	8. D	9. B	10. C
11. A	12. D	13. C	14. D	15. B
16. B	17. D	18. D	19. A	

四、名词解释

1. 石灰爆裂：烧砖的原料土或内燃料（粉煤灰、炉渣）中若夹杂有石灰质成分，则在烧砖时被烧成过火石灰留在砖中。这些过火石灰在砖体内吸收水分消化时产生体积膨胀，导致砖发生胀裂破坏，这种现象称为石灰爆裂。

2. 泛霜：指黏土原料中的可溶性盐类在砖使用过程中，随着砖内水分蒸发而在砖表面产生的盐析现象，一般呈白色粉末、絮团或絮片状。

3. 烧结普通砖：以黏土、页岩、煤矸石或粉煤灰为原料制得的没有孔洞或孔洞率小于15%的烧结砖。

4. 抗风化性能：是指在干湿变化、温度变化、冻融变化等物理因素作用下，材料不破坏并长期保持其原有性质的能力，它是材料耐久性的重要内容之一。

5. 蒸压加气混凝土砌块：是以钙质材料（水泥、石灰等）和硅质材料（砂、矿渣、粉煤灰等）以及加气剂（铝粉）等，经配料、搅拌、浇筑、发气、切割和蒸压养护而成的多孔硅酸盐砌块。

五、问答题

1. 烧结黏土砖由于有很多毛细管，在干燥状态下吸水能力很强，使用时如果不浇水，砌筑砂浆中的水分便会很快被砖吸走，使砂浆和易性降低，操作时难以摊平铺实，再则由于砂浆中的部分水分被砖吸去，会导致早期脱水，而不能很好地起水化作用，使砖与砂浆的粘结力削弱，大大降低砂浆和砌体的抗压、抗剪强度，影响砌体的整体性和抗震性能。因此，为使操作方便，使砂浆有一个适宜的硬化和强度增长的环境，保证砌体的质量，砖使用前必须浇水湿润。

2. 泛霜是指黏土原料中的可溶性盐类在砖使用过程中，随着砖内水分蒸发而在砖表面产生的盐析现象，一般呈白色粉末、絮团或絮片状。砖的泛霜有损建筑物的外观，而且结晶体体积膨胀也会引起砖表层的酥松，同时破坏砖与砂浆之间的粘结。

烧砖的原料土或内燃料（粉煤灰、炉渣）中若夹杂有石灰质成分，则在烧砖时被烧成过火石灰留在砖中。这些过火石灰在砖体内吸收水分消化时产生体积膨胀，导致砖发生胀

裂破坏，这种现象称为石灰爆裂。

石灰爆裂对砖砌体影响较大，轻者影响外观，重者将使砖砌体强度降低直至破坏。砖中石灰质颗粒越大，含量越多，则对砖砌体强度影响越大。

3. 目前所用的墙体材料有砌墙砖、砌块、板材三大类。砖类按生产原料可分为黏土砖、页岩砖、灰砂砖、煤矸石砖、粉煤灰砖和炉渣砖等；砌块类可分为混凝土砌块、硅酸盐砌块、加气混凝土砌块等；板材类可分为混凝土大板、石膏板、加气混凝土板、玻纤水泥板、植物纤维板和各种复合板等。

传统的烧结黏土砖要破坏大量的农田，不利于生态环境的保护，同时产品的体积小、自重大，施工中劳动强度高，生产效率低，影响建筑业的机械化施工。当前，墙体材料的发展趋势是利用工业废料和地方资源，生产出轻质、高强、大块、多功能的墙体材料。

4. 当生产黏土砖时，砖坯在氧化环境中焙烧并出窑时，生产出红砖；如果砖坯先在氧化环境中焙烧，然后再浇水闷窑，使窑内形成还原气氛，会使砖内的红色高价氧化铁还原为低价的氧化亚铁，即制得青砖。

欠火砖的孔隙率大、色浅、声哑、强度低、耐久性差。过火砖的孔隙率小、色深、声脆、强度与耐久性均高、多有弯曲或扭曲变形。这两种砖均不符合国家标准对砖的质量要求。

5. 烧结普通黏土砖耗用农田，且生产过程中氟、硫等有害气体逸放，污染环境，其性能亦存在如保温隔热性能较差、自重大等缺点。发展新型墙体材料有利于工业废弃物的综合利用，亦可发挥其轻质、保温隔热好等相对更为优越的性能。

6. 通常以孔洞率作为区分实心砖、多孔砖和空心砖的依据。当其无孔或孔洞率小于15%时，则称为实心砖；当孔洞率不小于15%，且孔的尺寸小而数量多时，则称为多孔砖；当孔洞率不小于35%，且孔的尺寸大而数量少时，则称为空心砖。

与烧结普通砖相比，生产多孔砖或空心砖时，可节约黏土20%～30%，节约燃料10%～20%，且砖坯焙烧均匀，烧成率高。采用多孔砖和空心砖砌筑墙体，可减轻自重1/3左右，工效提高40%左右，同时能有效改善墙体热工性能和降低建筑物使用能耗。

7. 烧结多孔砖由于其强度较高，在建筑工程中可以代替普通烧结砖，用于6层以下的承重墙体；烧结空心砖孔数少，孔径大，孔洞率高，强度较低，具有良好的绝热性能，主要用于非承重墙和框架结构的填充墙等部位。

六、计算题

答案

(1) 计算10块试样的抗压强度平均值为：

$$\bar{f} = \frac{18.2+21.1+19.5+20.9+18.3+18.8+18.2+18.2+19.8+19.8}{10} = 19.3 (\text{MPa})$$

(2) 计算10块试样的抗压强度标准差：

$$S = \sqrt{\frac{\sum_{i=1}^{10}(f_i-\bar{f})^2}{9}} = \sqrt{\frac{(18.2-19.3)^2+(21.1-19.3)^2+\cdots+(19.8-19.3)^2}{9}}$$

$$= 1.12 (\text{MPa})$$

(3) 计算强度变异系数：

$$\delta = \frac{S}{\bar{f}} = \frac{1.12}{19.3} = 0.06$$

因为变异系数 $\delta=0.06 \leqslant 0.21$，根据烧结普通砖的强度等级规定，应按抗压强度平均值、强度标准值 f_k 评定砖的强度等级。

(4) 计算强度标准值 f_k：

$$f_k = \bar{f} - 1.8S = 19.3 - 1.8 \times 1.12 = 17.3 \text{(MPa)}$$

(5) 根据 19.3MPa、17.3MPa，查教材表格 5-3，可确定该砖的强度等级为 MU15。

七、案例分析

1. **【案例分析】** 这是因为石灰爆裂导致的，由于石灰爆裂是当生产黏土砖的原料含有石灰石时，则焙烧砖时石灰石会煅烧成生石灰留在砖内，这时的生石灰为过烧生石灰，这些生石灰在砖内会吸收外界的水分，消化并体积膨胀，导致砖发生膨胀性破坏。

2. **【案例分析】** 原因是灰砂砖出釜到上墙时间太短，灰砂砖出釜后含水量随时间而减少，20多天后才基本稳定。出釜时间太短必然导致灰砂砖干缩大而产生裂缝，所以刚出釜的灰砂砖不宜立即使用，一般宜存放一个月左右再用。另外，灰砂砖的表面光滑，与砂浆粘结力差，其砌体的抗剪强度不如黏土砖砌体好。

第六章 建 筑 钢 材

一、判断题（正确的打√，错误的打×）

1. 冶炼后的钢水，除极少部分直接用于铸造钢件外，绝大部分要先铸成钢锭或钢坯，然后经过相应工艺处理制成各种钢材。（　　）
2. 钢和生铁的区别是钢的含碳量在 2% 以下。（　　）
3. 钢的冶炼方法主要有氧气转炉法、电炉法和平炉法三种。（　　）
4. 与沸腾钢相比，镇静钢组织不够致密，成分不太均匀，化学偏析较大，质量较差。（　　）
5. 钢材试样断裂时，试样标距长度部分的伸长量 ΔL 与原始标距长度 L_0（施力前）的比值称为钢的断后伸长率 A（%），即 $A = \dfrac{\Delta L}{L_0} \times 100 = \dfrac{L_u - L_0}{L_0} \times 100$；式中：$L_u$ 为试样断裂后的标距长度。（　　）
6. 硫、磷、氧、氮不是钢材中的有害元素。（　　）
7. 钢材伸长率越大，表示钢材的塑性越差。（　　）
8. 强屈比愈小，反映钢材受力超过屈服点工作时的可靠性愈大，结构的安全性愈高。（　　）
9. 钢材冲击韧性试验中，K 值越大，说明其韧性越好。（　　）
10. 钢材的抗拉强度高，其疲劳极限也较高。（　　）
11. 布氏硬度是建筑钢材常用的硬度指标。（　　）
12. 碳含量增加，会使钢的冷弯性能、焊接性能和抗腐蚀性能增强。（　　）

二、填空题

1. 钢是由_____冶炼而成。
2. 炼钢的目的就是采用一定冶炼方法将生铁中的_____降低至 2% 以下，并将其他杂质含量也降至预定范围内，以期显著改善其技术性能。
3. 钢材中某些化学成分在钢锭中分布不均匀，这种现象称为_____。其中以硫、磷偏析最为严重。偏析会对钢材质量产生严重的负面影响。
4. 钢材按脱氧程度不同，可分为_____、_____、_____和_____。
5. 钢材中铁与碳原子结合有_____、_____和_____三种基本形式。
6. 建筑用钢通常按用途可分为_____用钢和_____用钢。
7. 钢材主要是_____合金，_____是钢中最重要的元素。

8. 建筑钢材的力学性能主要包括_____、_____、_____和_____等。

9. 各类钢材的硬度值与_____强度之间有一定的相关性。

10. 有关研究表明，钢材的冲击韧性随温度的降低而下降，其规律是开始时下降缓慢，当达到某一温度范围时，突然下降很多而呈脆性，称为钢材的_____，这时的温度称为_____。

11. 通常，钢材的硬度越高，强度也越_____，耐磨性较_____，但脆性_____。

12. 疲劳强度是指钢材在无限多次交变载荷作用下不破坏的最大应力，又称为_____。

13. _____性能是指钢材在常温下承受弯曲变形而不破坏的能力，为钢材的重要工艺性能。

14. _____试验对钢材塑性的评定比拉伸试验更严格，更有助于暴露钢材的内部组织是否均匀及存在微裂缝、杂质、严重偏析等。

15. 钢材的冷加工时效分为_____和_____两种。

16. _____是指钢材在常温下进行冷拉、冷拔、冷轧等机械加工。

17. 钢材经冷加工后，产生塑性变形，屈服强度提高，塑性、韧性和弹性模量降低，这种现象称为_____。

18. 冷拉是用拉伸设备将钢材拉长的加工。冷拉可提高钢材的_____和_____。

19. _____是指采用强力使钢材通过模孔抽拔成一定断面尺寸、表面光滑制品的加工。

20. _____是指在常温下用轧钢机将钢筋轧成一定形状的工艺。

21. 目前我国钢结构用钢的主要品种是_____、_____和_____。

22. 钢板按厚度分为_____、_____和_____三种。

23. 热轧光圆钢筋、热轧带肋钢筋、冷轧带肋钢筋英文缩写各为_____、_____和_____。

24. 钢材的腐蚀是指其表面与周围介质发生_____或_____反应而遭到腐蚀破坏的过程。

三、单选题

1. 钢与铁以含碳量（　　）为界限值，含碳量小于该值时为钢，大于该值时为铁。
A. 0.80%　　　　　　　　　　B. 2%
C. 0.25%　　　　　　　　　　D. 0.50%

2. 下列情况中（　　）的承重结构和构件可采用 Q235 沸腾钢。
A. 直接承受动力荷载或振动荷载且需要验算疲劳的结构。
B. 工作温度低于－20℃时的直接承受动力荷载或振动荷载但可不验算疲劳的结构以及承受静力荷载的受弯及受拉的重要承重结构。
C. 工作温度等于或低于－30℃的所有承重结构。

D. 承受静荷载作用的一般要求的钢结构

3. 钢结构防火涂料按使用场所可分为（　　）。
A. 室内和室外钢结构防火涂料　　B. 超薄型钢结构防火涂料
C. 薄型钢结构防火涂料　　　　　D. 厚型钢结构防火涂料

4.（　　）是用冷轧或冷拔方法使钢丝表面产生周期性变化的凹痕和凸纹的钢丝。
A. 冷拉钢丝　　　　　　　　　　B. 光圆钢丝
C. 螺旋肋钢丝　　　　　　　　　D. 刻痕钢丝

5. 盘条钢筋调直加工禁止（　　）。
A. 采用机械方法　　　　　　　　B. 采用冷拉方法
C. 宜采用机械方法，也可采用冷拉方法　D. 采用冷拔方法

四、多选题（选出两个以上正确答案）

1. 常用的不燃性板材有（　　）等，可通过粘结剂或钢钉、钢箍等固定在钢构件上，将其包裹起来，形成防火隔热的外包层。
A. 防火板　　　　　　　　　　　B. 石膏板
C. 硅酸钙板　　　　　　　　　　D. 蛭石板
E. 珍珠岩板和矿棉板

2. 承重结构的钢材宜采用（　　）钢，其质量应分别符合现行国家标准《碳素结构钢》（GB/T 700—2006）和《低合金高强度结构钢》（GB/T 1591—2008）的规定。当采用其他牌号的钢材时，尚应符合相应有关标准的规定和要求。
A. Q195　　　　　　　　　　　　B. Q235
C. Q345　　　　　　　　　　　　D. Q390
E. Q420

3. 碳素结构钢分为四个牌号，即（　　）。各牌号钢的质量等级分为 A、B、C、D 四级，逐级提高。
A. Q195　　　　　　　　　　　　B. Q215
C. Q235　　　　　　　　　　　　D. Q275
E. Q420

4. Q235 号钢具有（　　），在建筑工程中得到广泛应用，大量用于制作钢结构用钢、钢筋和钢板等。
A. 较高的强度　　　　　　　　　B. 较好的塑性
C. 较好焊接性能　　　　　　　　D. 很低的强度
E. 非常差的塑性

5. 预应力混凝土用钢丝按表面状态不同可分为（　　）。
A. 条肋钢丝（代号为 K）　　　　B. 直肋钢丝（代号为 L）
C. 光圆钢丝（代号为 P）　　　　D. 螺旋肋钢丝（代号为 H）
E. 刻痕钢丝（代号为 I）

6. 钢绞线按结构分为五类，即（　　）。

A. 用 2 根钢丝捻制的钢绞线（代号为 1×2）

B. 用 3 根钢丝捻制的钢绞线（代号为 1×3）

C. 用 3 根刻痕钢丝捻制的钢绞线（代号为 1×3I）

D. 用 7 根钢丝捻制的标准型钢绞线（代号为 1×7）

E. 用 7 根钢丝捻制又经模拔的钢绞线［代号为（1×7）C］

7. 预应力混凝土用钢绞线具有（　　）等优点，使用时可按要求的长度切割；主要适用于大型屋架、薄腹梁，以及大跨度桥梁等负荷较大的预应力结构。

A. 强度高　　　　　　　　　B. 柔韧性好

C. 质量稳定　　　　　　　　D. 施工方便

E. 成盘供应无接头

8. 普通混凝土制作的钢筋混凝土有时也发生钢筋锈蚀现象，主要原因包括（　　）。

A. 混凝土不够密实，环境中的水和空气能进入混凝土内部

B. 混凝土保护层厚度小

C. 混凝土发生了严重的碳化（使钢筋位置的 pH 值降低）

D. 足够浓度的游离 Cl^- 扩散到钢筋表面使钝化膜"溶解"

E. 混凝土的强度过高

9. 常用的钢结构用钢防腐方法包括（　　）等。

A. 采用耐候钢　　　　　　　B. 镀层保护

C. 热喷铝（锌）复合涂层防腐　D. 非金属覆盖

E. 电化学防腐

10. 钢材整体热处理的基本方法主要有（　　）等。

A. 欠火　　　　　　　　　　B. 退火

C. 正火　　　　　　　　　　D. 淬火

E. 回火

五、名词解释

1. 生铁
2. 硬度
3. 钢筋的冷轧
4. 热处理
5. 镇静钢
6. 沸腾钢
7. 冲击韧性
8. 冷加工时效
9. Q235—BF

六、问答题

1. 说明低合金高强度结构钢 Q345D 牌号中符号的含义。

2. 低碳钢的拉伸分为哪几个阶段？简述每个阶段的力学特点。
3. 简要说明工字钢与 H 型钢的区别和联系。
4. 简述碳素结构钢牌号的划分方法，并简要说明牌号与其性能间的关系。
5. 为什么工程中广泛使用低合金高强度结构钢？

七、案例分析

1.【案例】 某工地现场有供各种钢筋加工的足够空间，但该工程施工承包单位为节省工地现场的加工费用，将工程施工所用盘条钢筋低价外包给某个加工作坊进行加工。该加工作坊把盘条钢筋通过冷拔机调直后切割成段，再加工成型。该施工承包单位和该加工作坊的作法有问题吗？请说明正确的做法。

2.【案例】 某工程的施工承包单位违规采用冷拔方法调直盘条钢筋。若将 1t 盘条光圆钢筋从直径 10mm 拉到直径 9mm，按 4000 元/t 算，请计算施工承包单位因超拉产生"1mm"钢筋直径减小现象的背后，所隐含的经济利益有多大？

第六章 参 考 答 案

一、判断题

1. √   2. √   3. √   4. ×   5. √
6. ×   7. ×   8. ×   9. √   10. √
11. √   12. ×

二、填空题

1. 生铁
2. 含碳量
3. 化学偏析
4. 沸腾钢、镇静钢、半镇静钢、特殊镇静钢
5. 固溶体、化合物、机械混合物
6. 钢结构，混凝土
7. 铁碳，碳
8. 抗拉性能、冲击韧性、疲劳性能、硬度
9. 抗拉
10. 冷脆性，脆性临界温度
11. 大，好，增大
12. 疲劳极限
13. 冷弯
14. 弯曲
15. 自然时效，人工时效
16. 冷加工
17. 冷加工强化
18. 屈服强度，硬度
19. 冷拔
20. 冷轧
21. 碳素结构钢、低合金高强度结构钢、优质碳素结构钢
22. 薄板、中板、厚板
23. HPB、HRB、CRB
24. 化学、电化学

三、单选题

1. B　　　2. D　　　3. A　　　4. D　　　5. D

四、多选题

1. ABCDE　　2. BCDE　　3. ABCD　　4. ABC　　5. CDE
6. ABCDE　　7. ABCDE　　8. ABCD　　9. ABCDE　　10. BCDE

五、名词解释

1. 生铁：是由铁矿石、焦炭和少量石灰石等在高温条件下，铁矿石中的氧化铁被还原成金属铁，然后再吸收焦炭中的碳素而形成生铁。生铁的主要成分是铁，但含碳量较大且有较多硫、磷等杂质，性能表现为硬度高、脆性大，可用于铸造制品，但塑性差、抗拉强度低，易发生脆性破坏，使其在工程建设中的应用受到一定限制。

2. 硬度：是指材料抵抗变形，特别是压痕或划痕形成的永久变形的能力。

3. 钢筋的冷轧：是指在常温下用轧钢机将钢筋轧成一定形状的工艺。建筑用钢筋常用该方法将光圆钢筋压制成各种凹凸不平的花纹钢筋，屈服强度得到明显提高，花纹可增加对混凝土的粘结力。

4. 热处理：是按一定规则对钢材进行加热、保温和冷却等处理，来改变其组织结构，从而获得所需性能的一种工艺。

5. 镇静钢：用必要数量的硅铁、锰铁和铝锭等脱氧剂充分脱氧，钢液中金属氧化物很少或没有，在注锭时液态钢平静地冷却凝固，这种钢称为镇静钢；其代号为"Z"。其组织致密，气泡少，偏析程度小，各种力学性能优于沸腾钢，但成本较高。可用于受冲击荷载或其他重要的结构。

6. 沸腾钢：在冶炼钢的过程中，由于氧化作用使部分铁被氧化成氧化亚铁残留在钢水中，使钢的质量降低，因而在炼钢后期精炼时，需进行脱氧处理。仅用弱脱氧剂锰铁进行脱氧，脱氧不够完全。由于钢水中残存的 FeO 与 C 生成 CO 气体逸出，引起钢水呈沸腾状，产生所谓沸腾钢，代号为"F"。沸腾钢组织不够致密，成分不太均匀，化学偏析较大，故质量较差。但其产量高、生产成本低，可用于一般的建筑工程。

7. 冲击韧性：是指材料抵抗冲击荷载作用的能力，可由冲击吸收能量（K）和冲击韧性值（a_k）表示。

8. 冷加工时效：是指经冷加工后，钢材的屈服强度、极限强度在一定环境条件下随时间的延长而有所提高，伸长率和冲击韧性逐渐降低，弹性模量得以恢复的现象。分为自然时效和人工时效两种。

9. Q235—BF：表示屈服点为 235MPa 的 B 级沸腾钢。

六、问答题

1. Q345D 表示该低合金高强度结构钢的最小屈服强度为 345MPa，质量等级为 D 级。

2. 低碳钢的拉伸分为四个阶段：

（1）弹性阶段：此段为一直线，应力较低，试件产生弹性变形，应力与应变成线性正比关系，其比值为常数，称为弹性模量，即 $\sigma/\varepsilon=E$。弹性模量反映钢材抵抗变形的能力。它与 A 点相对应的应力为弹性极限，用 σ_P 表示。

（2）屈服阶段：当试样的应力超过弹性极限后，钢材不仅产生弹性变形，而且有塑性变形，应变增长比应力快。当试样的应力超过某一点后，应变持续增加，应力却在很小的范围内上下波动，故称为屈服阶段。分上屈服强度和下屈服强度。常以下屈服强度代表钢材的屈服强度。

钢材受力达到屈服强度后，变形迅速增长，虽然尚未断裂，但已不能满足使用要求，故结构设计中以屈服强度作为取值依据。

（3）强化阶段：试样在经历了屈服阶段后，内部组织结构发生变化，阻止了塑性变形的进一步发展，钢材抵抗外力的能力重新提高，此上升曲线段称为强化阶段。对应于曲线最高点的应力值称为抗拉强度。

（4）颈缩阶段：当试样应力超过抗拉强度后，塑性变形急剧增加（应变迅速增大），在其承载能力较弱处的断面缩小（颈缩）而断裂。

3. 工字钢是截面为工字形的长条钢材，也称钢梁。工字钢广泛应用于各种建筑结构、桥梁等，主要用作承受横向弯曲（腹板平面内受弯）的杆件，但不宜单独用作轴心受压构件或双向弯曲的构件。H 型钢是由工字钢优化发展而成的一种断面力学性能更为优良的经济型断面钢材，因其断面形状与英文字母"H"相似而得名。与工字钢相比，H 型钢具有翼缘宽，侧向刚度大，抗弯能力强，翼缘两表面相互平行、拼装连接构件方便、省劳力，重量轻、节省钢材等优点；常用于有承载力大、截面稳定性好要求的大型建筑（如厂房、高层建筑等）。

4. 碳素结构钢牌号由代表屈服强度的字母、屈服强度数值、质量等级符号、脱氧方法符号等 4 个部分按顺序组成。"Q"为钢材屈服强度"屈"字汉语拼音首位字母；"A、B、C、D"分别为质量等级；"F"为沸腾钢，"Z"为镇静钢，"TZ"为特殊镇静钢；在牌号组成表示法中，"Z"与"TZ"符号可以省略。碳素结构钢分为四个牌号，即 Q195、Q215、Q235、Q275。随着碳素结构钢牌号由 Q195 增至 Q275，钢的含碳量逐渐增多，强度提高，塑性降低，冷弯性能下降。质量等级由 A 增至 D，钢中有害杂质 S 和 P 的含量逐渐减少。

5. 由于合金元素的细化晶粒作用和固溶强化等作用，低合金高强度结构钢比碳素结构钢具有更高的强度，又有良好的塑性、低温冲击韧性、可焊性和耐腐蚀性等特性，是建筑工程中应用广泛的钢种。例如，Q345 级钢是钢结构的常用牌号，比碳素结构钢 Q235 强度更高，同样条件下可节省钢材 15%～25%，并减轻结构自重；Q345 还具有良好的承受动荷载和耐疲劳性。

低合金高强度结构钢在大型结构、重型结构、大跨度结构、高层建筑、桥梁工程、承受动荷载和冲击荷载的结构中应用广泛。

七、案例分析

1. **【案例分析】** 该施工承包单位和该加工作坊的做法有问题。

正确的做法是：钢筋加工必须严格按国家标准规范进行。盘条钢筋调直加工宜采用机械方法，也可采用冷拉方法，禁止采用冷拔方法。当采用冷拉方法调直钢筋时，应严格按要求控制冷拉率。

钢筋加工应在施工现场进行。确需委托外加工的，施工单位要与钢筋加工企业签订书面合同，钢筋加工企业要严格按有关标准进行加工，并对加工后的钢筋质量负责。施工单位要实行外加工钢筋检测制度，建立外加工钢筋进场台账，并按进场批次再次进行见证取样检测，检测不合格的不得投入使用。

2.【案例分析】

钢筋理论重量计算所用密度为 $7.85g/cm^3$；

直径为 10mm 的光圆钢筋的理论重量为：$(10/2)^2 \times 3.1416 \times 7.85/1000 = 0.617g/mm = 0.617(kg/m)$；

直径为 10mm 的光圆钢筋的公称横截面面积：$78.54mm^2$；

1t 直径为 10mm 的光圆钢筋长为：$(1000/7850)/(78.54/1000000) = 1622(m)$；

直径为 9mm 的光圆钢筋的理论重量为：$(9/2)^2 \times 3.1416 \times 7.85/1000 = 0.4994g/mm = 0.4994(kg/m)$；

直径为 9mm 的光圆钢筋的公称横截面面积：$63.62mm^2$；

1t 公称直径为 9mm 的光圆钢筋长为：$(1000/7850)/(63.62/1000000) = 2002(m)$；

"多出"的钢筋长度为：$2002 - 1622 = 380(m)$；

"多出"的钢筋重量为：$380 \times 0.4994 = 190kg = 0.190(t)$；

"多出"钢筋的"价值"为：$0.190 \times 4000 = 760(元)$。

因此，该工程承包单位企图获利 760 元/t。

（注：本案例所述现象已为社会各界高度关注，国家和地方有关政府行政主管部门已出台多项政策予以严令禁止，并加大了执法力度。）

第七章 沥青及沥青混合料

一、判断题（对的划√，不对的划×）

1. 石油沥青的组分是油分、树脂和地沥青质，它们都是随时间的延长而逐渐减少。（　）
2. 石油沥青的三组分分析法是将石油沥青分离为：油分、沥青和沥青酸。（　）
3. 在石油沥青中当油分含量减少时，则黏滞性增大。（　）
4. 黏性是沥青材料最重要的技术性质之一。（　）
5. 石油沥青的黏滞性用针入度表示，针入度值的单位是度。（　）
6. 当温度的变化对沥青的黏性和塑性影响不大时，可认为沥青的温度稳定性好。（　）
7. 沥青的温度稳定性用软化点表示，软化点越高，则沥青的温度稳定性越好。（　）
8. 石油沥青的温度稳定性用针入度表示。（　）
9. 针入度指数（PI）值越大，表示沥青的感温性越高。（　）
10. 石油沥青的延度越大，其塑性越好。（　）
11. 软化点小的沥青，其抗老化能力较好。（　）
12. 炎热地区屋面防水用的沥青胶可以用 10 号沥青配制。（　）
13. 不同标号的石油沥青可以掺配。（　）
14. 针入度反映了石油沥青抵抗剪切变形的能力，值愈小，表明沥青黏度越小。（　）
15. 同一品种石油沥青随着牌号增加，黏性增加，塑性增加，而温度敏感性减小。（　）
16. 石油沥青的牌号越高，其温度敏感性越大。（　）
17. 含蜡沥青会使沥青路面的抗滑性降低，影响路面的行车安全。（　）
18. 道路石油沥青的标号是按针入度值划分的。（　）
19. 在石油沥青中，树脂使沥青具有良好的塑性和黏性。（　）
20. 碱性石料与石油沥青的黏附性较酸性石料与石油沥青的黏附性好。（　）
21. 石油沥青的胶体结构包括溶胶型和凝胶型两种。（　）
22. 煤沥青的大气稳定性优于石油沥青。（　）
23. 与石油沥青相比，煤沥青温度稳定性和与矿质集料的黏附性均较差。（　）
24. 沥青混合料是一种复合材料，由沥青、粗集料、细集料和矿粉等所组成。（　）
25. 沥青混合料的抗剪强度主要取决于黏聚力和内摩擦角两个参数。（　）

26. 沥青混合料的黏聚力随着沥青黏度的提高而降低。（　　）
27. 沥青混合料主要技术性质有高温稳定性、低温抗裂性、耐久性、抗滑性和施工和易性。（　　）
28. 悬浮—密实结构的沥青混合料高温稳定性良好。（　　）
29. 我国现行国标规定，采用马歇尔稳定度试验来评价沥青混合料的高温稳定性。（　　）
30. 沥青混合料的试验配合比设计可分为矿质混合料组成设计和沥青最佳用量确定两部分。（　　）

二、填空题

1. 沥青按产源可分为_____和_____两大类。
2. 石油沥青的三组分分析法是将石油沥青分离为_____、_____和_____。
3. 石油沥青的四组分分析法是将沥青分离为_____、_____、_____和_____。
4. 石油沥青的胶体结构可分为_____、_____和_____三个类型。
5. 土木工程中最常采用的沥青为_____。
6. 沥青在常温下，可以呈_____、_____和_____状态。
7. 石油沥青的塑性是指_____。塑性用_____指标表示。
8. 液体石油沥青的黏度是用_____表示。
9. 评价石油沥青大气稳定性的指标有_____和_____。
10. 沥青由固态转变为一定黏性流动状态时的温度称为_____。
11. 石油沥青的闪点是表示_____性的一项指标。
12. 石油沥青的三大技术指标是_____、_____和_____，它们分别表示沥青的_____性、_____性和_____性。石油沥青的牌号是以其中的_____指标来表示的。
13. 目前沥青掺配主要是指同源沥青的掺配，同源沥青指_____。
14. 改性沥青的改性材料主要有_____、_____和_____等。
15. 与石油沥青相比，煤沥青的温度稳定性较_____，与矿质材料的黏结性较_____。
16. 沥青混合料是_____和_____的总称。
17. 沥青混合料根据材料组成及结构，可分为_____和_____混合料两大类。
18. 沥青混合料的组成结构形态有_____结构、_____结构和_____结构。
19. 沥青混合料的主要技术性质有_____、_____、_____、

_____。

20. 马歇尔模数是稳定度与流值的比值，该值可以间接的反映沥青混合料的_____能力。

21. 沥青材料是由高分子的碳氢化合物及其非金属_____、_____、_____等的衍生物组成的混合物。

22. 我国采用_____试验来评定沥青混合料的高温稳定性。

23. 我国现行规范采用_____、_____和_____等指标来表征沥青混合料的耐久性。

24. 热拌沥青混合料配合比设计包括_____、_____和_____三个阶段。

25. 沥青混合料目标配合比设计可分为_____和_____两个步骤。

三、单选题

1. 沥青是一种典型的（   ）材料。
   A. 黏性　　　　　　　　　　B. 弹性
   C. 塑性　　　　　　　　　　D. 有机胶凝材料

2. 沥青是一种有机胶凝材料，它不具有以下（   ）性能。
   A. 黏结性　　　　　　　　　B. 塑性
   C. 憎水性　　　　　　　　　D. 导电性

3. 适用于地下防水工程和作为防腐材料的沥青材料是（   ）。
   A. 石油沥青　　　　　　　　B. 煤沥青
   C. 天然沥青　　　　　　　　D. 建筑石油沥青

4. 目前我国下列各类防水材料中，最大量用于屋面工程卷材的是（   ）。
   A. 橡胶类　　　　　　　　　B. 塑料类
   C. 沥青类　　　　　　　　　D. 金属类

5. 沥青的软化点表示沥青的（   ）性质。
   A. 黏性　　　　　　　　　　B. 塑性
   C. 温度敏感性　　　　　　　D. 大气稳定性

6. （   ）赋予沥青塑性和粘结性。
   A. 沥青质　　　　　　　　　B. 胶质
   C. 芳香分　　　　　　　　　D. 饱和分

7. （   ）是沥青中的有害成分。
   A. 油分　　　　　　　　　　B. 树脂
   C. 地沥青质　　　　　　　　D. 蜡

8. （   ）沥青，在高温时有较好的稳定性，在低温时又有较好的变形能力。
   A. 溶胶型　　　　　　　　　B. 凝胶型
   C. 溶-凝胶型　　　　　　　 D. 塑性

9. 石油沥青在常温条件下不耐下列（   ）材料的腐蚀。

A. 浓度小于 50% 的硫酸　　　　　　B. 浓度小于 10% 的硝酸
C. 浓度小于 20% 的盐酸　　　　　　D. 浓度小于 30% 的苯

10. 石油沥青的黏性是以（　　）表示的。
A. 针入度　　　　　　　　　　　　B. 延度
C. 软化点　　　　　　　　　　　　D. 溶解度

11. 石油沥青的塑性用延度的大小来表示，当沥青的延度值越小时，（　　）。
A. 塑性越大　　　　　　　　　　　B. 塑性越差
C. 塑性不变　　　　　　　　　　　D. 黏性越大

12. 石油沥青的耐久性是指其（　　）。
A. 黏性　　　　　　　　　　　　　B. 塑性
C. 温度稳定性　　　　　　　　　　D. 大气稳定性

13. 石油沥青牌号划分的主要依据是（　　）。
Ⅰ. 针入度；Ⅱ. 溶解度；Ⅲ. 延度；Ⅳ. 软化点；
A. ⅠⅡⅢ　　　　　　　　　　　　B. ⅠⅢⅣ
C. ⅠⅢⅣ　　　　　　　　　　　　D. ⅡⅢⅣ

14. 石油沥青的主要技术性质包括以下（　　）。
Ⅰ. 黏性；Ⅱ. 塑性；Ⅲ. 闪点；Ⅳ. 大气稳定性；Ⅴ. 温度稳定性；
A. Ⅰ，Ⅱ，Ⅲ　　　　　　　　　　B. Ⅳ，Ⅴ
C. Ⅰ，Ⅱ，Ⅲ，Ⅴ　　　　　　　　D. Ⅰ，Ⅱ，Ⅳ，Ⅴ

15. 下列指标中，（　　）指标与石油沥青划分牌号无关。
A. 针入度　　　　　　　　　　　　B. 延度
C. 塑性　　　　　　　　　　　　　D. 软化点

16. 石油沥青的温度稳定性用软化点来表示，当沥青的软化点越高时，（　　）。
A. 温度稳定性越好　　　　　　　　B. 温度稳定性越差
C. 温度稳定性不变　　　　　　　　D. 温度稳定性失效

17. （　　）沥青不宜直接单独使用。
A. 建筑石油沥青　　　　　　　　　B. 道路石油沥青
C. 普通石油沥青　　　　　　　　　D. 煤沥青

18. 建筑石油沥青的牌号越大，则其（　　）。
A. 黏性越大　　　　　　　　　　　B. 塑性越小
C. 软化点越高　　　　　　　　　　D. 使用年限越长

19. 针入度表示沥青的（　　）性能。
Ⅰ. 沥青抵抗剪切变形的能力；　　Ⅱ. 反映在一定条件下沥青的相对黏度
Ⅲ. 沥青的延伸度；　　　　　　　Ⅳ. 沥青的耐久性
A. Ⅰ；Ⅱ　　　　　　　　　　　　B. Ⅰ；Ⅲ
C. Ⅱ；Ⅲ　　　　　　　　　　　　D. Ⅰ；Ⅳ

20. 为工程使用方便，通常采用（　　）确定沥青胶体结构的类型。
A. 针入度指数法　　　　　　　　　B. 马歇尔稳定度试验法

C. 环球法　　　　　　　　　　　D. 溶解—吸附法

21. 沥青的黏性用针入度值表示，当针入度值愈大时，（　　）。
A. 黏性越小，塑性越大，牌号增大　　B. 黏性越大，塑性越差，牌号减小
C. 黏性不变，塑性不变，牌号不变　　D. 黏性越小，塑性越大，牌号增大

22. 有关黏稠石油沥青三大指标的内容中，下列（　　）是错误的。
A. 石油沥青的黏滞性（黏性）可用针入度（1/10mm）表示，针入度属相对黏度（即条件黏度），它反映沥青抵抗剪切变形的能力
B. 延度表示沥青的塑性
C. 闪点表示沥青的温度敏感性
D. 软化点高，表示沥青的耐热性好、温度敏感性小（温度稳定性好）

23. 石油沥青随牌号增大，其性能变化是（　　）。
A. 针入度越大，延展度越大、软化点越低
B. 针入度越小，延展度越大、软化点越低
C. 针入度越大，延展度越大、软化点越高
D. 针入度越小，延展度越大、软化点越高

24. 实验室测得四种沥青的针入度指数如下，其中（　　）沥青属于溶—凝胶结构的沥青。
A. PI=－3.2　　　　　　　　　　B. PI=1.9
C. PI=－2.1　　　　　　　　　　D. PI=2.6

25. 关于沥青的说法，（　　）错误的。
A. 沥青的牌号越大，则其针入度值越大
B. 沥青的针入度值越大，则其黏性越大
C. 沥青的延度越大，则其塑性越大
D. 沥青的软化点越低，则其温度稳定性越差

26. 用于屋面的沥青，由于对温度敏感性较大，其软化点应比本地区屋面表面可能达到的最高温度高（　　）以上，才能避免夏季流淌。
A. 10℃　　　　　　　　　　　　B. 15℃
C. 20℃　　　　　　　　　　　　D. 30℃

27. 下列几种矿物填充料中，（　　）不适合做沥青的矿物填充料。
A. 石灰石粉　　　　　　　　　　B. 石英砂粉
C. 石棉　　　　　　　　　　　　D. 滑石粉

28. 在沥青胶中增加矿粉的掺量，能使其耐热性（　　）。
A. 降低　　　　　　　　　　　　B. 提高
C. 不变　　　　　　　　　　　　D. 失效

29. 煤沥青与石油沥青相比较，煤沥青的哪种性能较好（　　）。
A. 塑性　　　　　　　　　　　　B. 温度敏感性
C. 大气稳定性　　　　　　　　　D. 防腐能力

30. 用标准黏度计测沥青黏度时，在相同温度和相同孔径条件下，流出时间越长，表

示沥青的黏度（　　）。

A. 越大　　　　　　　　　　B. 越小

C. 无相关关系　　　　　　　D. 不变

31. 沥青混合料用粗集料与细集料的分界粒径尺寸为（　　）。

A. 1.18mm　　　　　　　　B. 2.36mm

C. 4.75mm　　　　　　　　D. 5mm

32. 我国现行规范采用（　　）、（　　）和（　　）等指标来表示沥青混合料的耐久性。

A. 空隙率、饱和度、残留稳定度　　B. 稳定度、流值和马歇尔模数

C. 空隙率、含蜡量和含水量　　　　D. 针入度

四、多选题（选出两个以上正确答案）

1. 沥青针入度试验可用于测定（　　）针入度。

A. 黏稠沥青　　　　　　　　B. 液体石油沥青

C. 沥青蒸发后残留物　　　　D. 塑性沥青

2. 可用（　　）指标表征沥青材料的使用安全性。

A. 闪点　　　　　　　　　　B. 软化点

C. 脆点　　　　　　　　　　D. 燃点

3. 沥青混合料的主要技术指标有（　　）

A. 高温稳定性　　　　　　　B. 低温抗裂性

C. 耐久性　　　　　　　　　D. 抗滑性

4. 软化点的试验条件有（　　）。

A. 加热升温速度5℃/min　　B. 沥青试样

C. 规定尺寸的铜环　　　　　D. 加热介质

5. 沥青混合料的组成结构类型有（　　）。

A. 密实结构　　　　　　　　B. 密实—悬浮结构

C. 骨架—空隙结构　　　　　D. 骨架—密实结构

6. 常用的改性橡胶有（　　）。

A. 氯丁橡胶　　　　　　　　B. 丁基橡胶

C. 丁苯橡胶　　　　　　　　D. 再生橡胶

7. 煤沥青与石油沥青相比（　　）。

A. 温度稳定性较高　　　　　B. 温度稳定性较低

C. 与矿质集料的黏附性较好　D. 与矿质集料的黏附性较差

五、名词解释

1. 沥青材料
2. 沥青的溶胶型结构
3. 沥青温度稳定性

4. 沥青软化点

5. 针入度

6. 针入度指数

7. 沥青老化

8. 沥青的闪点和燃点

9. 沥青混合料

10. 连续级配沥青混合料

11. 高温稳定性

12. 施工和易性

六、问答题

1. 石油沥青的三大主要组分是什么？各组分的特点和作用是什么？
2. 石油沥青的主要技术性质是什么？各用什么指标表示？
3. 什么是石油沥青的黏滞性？如何测试？
4. 什么是石油沥青的塑性？如何测试？
5. 什么是石油沥青的温度稳定性？如何测试？
6. 什么是石油沥青的大气稳定性？如何测试？
7. 简述沥青含蜡量对沥青路用性能的影响。
8. 石油沥青可划分为几种胶体结构？不同胶体结构对石油沥青的性质有何影响？
9. 煤沥青与石油沥青相比，在技术性质上有哪些差异？
10. 为何要对沥青进行改性？改性沥青有哪几类？
11. 沥青混合料按其组成结构可分为哪几种类型？各种结构类型的沥青混合料各有什么优缺点？
12. 论述沥青混合料的主要技术性质和技术指标？

七、计算题

1. 某建筑工程屋面防水，需用软化点为75℃的石油沥青，但工地仅有软化点为95℃和25℃的两种石油沥青，应如何掺配以满足工程需要？

2. 某路线修筑沥青混凝土高速公路路面层，试计算矿质混合料的组成，用马歇尔实验法确定沥青最佳用量。

设计原始资料：

(1) 路面结构：高速公路沥青混凝土面层。

(2) 气候条件：属于温和地区。

(3) 路面类型：三层式沥青混凝土路面上面层。

(4) 混合料制备条件及施工设备：工厂拌和摊铺机铺筑、压路机辗压。

(5) 材料的技术性能。

1) 沥青材料：沥青采用进口优质沥青，符合AH-70指标，其技术指标如表7-1所示。

表 7-1　　　　　　　　　　　沥青技术指标

15℃时的密度 (g/cm³)	针入度 (0.1mm) (25℃, 100g, 5s)	延度 (cm) (5cm/min, 15℃)	软化点 (℃)
1.033	74.3	>100	46.0

2) 矿质材料。

a) 粗集料：采用玄武岩，1号料 (19.0～13.2mm) 密度2.918g/cm³，2号 (13.2～4.75mm) 密度2.864g/cm³，与沥青的黏附情况评定为5级。其他各项技术指标见表7-2。

表 7-2　　　　　　　　　　　粗集料技术指标

压碎值 (%)	磨耗值 (%) (洛杉矶法)	针片状颗粒量 (%)	磨光值 (PSV)	吸水率 (%)
14.7	17.6	10.5	45.0	1.0

b) 细集料：石屑采用玄武岩，其密度为2.81g/cm³，砂子视密度为2.63g/cm³。

矿粉：视密度为2.67g/cm³，含水量为0.8%。

矿质材料的级配情况见表7-3。

表 7-3　　　　　　　　　　　矿质集料筛分结果表

原材料	通过下列筛孔 (mm) 的质量，%										
	19.0	16.0	13.2	9.5	4.75	2.38	1.18	0.6	0.3	0.15	0.075
1号碎石	100	90.3	42.2	5.0	1.4	0.3	0				
2号碎石			100	88.7	29.0	6.8	3.0	2.2	1.6	0	
石屑				100	99.2	78.5	38.1	29.8	20.0	18.1	8.7
砂					100	98.6	94.2	76.5	52.8	29.3	5.8	0.5
矿粉									100	99.2	95.9	80.0

设计要求：

(1) 确定各种矿质集料的用量比例。

(2) 用马歇尔实验确定最佳沥青用量。

八、案例分析

1.【案例】 沥青路面开裂

华北某沥青路面所用沥青的沥青质含量高达33%，并有相当数量芳香度高的胶质形成的胶团。使用两年后，路面出现较多裂缝，且冬天裂缝产生越发明显。请分析原因。

2.【案例】 沥青长时间加热与保温

某施工队熬制石油沥青准备作地下防水，沥青碎块的平均尺寸为20cm，工程量较大，因此加热的时间较长，保温的时间亦较长。施工后发现其效果不够理想，特别是沥青的塑性明显下降。请分析原因。

3.【案例】 沥青混凝土路面裂缝

华南某二级公路沥青混凝土路面使用一年后就出现较多网状裂缝，其中施工厚度较薄及下凹处裂缝更为明显。据了解当时对下卧层已作认真检查，已处理好软弱层，而所用的沥青延度较低。请分析原因。

第七章 参 考 答 案

一、判断题

1. ×　　　2. ×　　　3. ×　　　4. √　　　5. √
6. √　　　7. √　　　8. ×　　　9. ×　　　10. √
11. ×　　12. √　　13. √　　14. ×　　15. √
16. √　　17. √　　18. √　　19. √　　20. √
21. ×　　22. ×　　23. ×　　24. √　　25. √
26. ×　　27. √　　28. ×　　29. √　　30. √

二、填空题

1. 地沥青，焦油沥青
2. 油分、胶质（树脂）、沥青质（地沥青质）
3. 沥青质、胶质、饱和分、芳香分
4. 溶胶型结构、凝胶型结构、溶—凝胶型结构
5. 石油沥青
6. 黏稠性液体、半固体、固体状态
7. 石油沥青在外力作用时产生变形而不破坏，除去外力后仍保持变形后形状的性质；延度
8. 标准黏度
9. 蒸发损失百分率，蒸发后针入度比
10. 软化点
11. 安全
12. 针入度、延度、软化点；黏、塑性、温度稳定；针入度
13. 同属石油沥青或同属煤沥青
14. 橡胶，树脂，矿物填充料
15. 低，好
16. 沥青混凝土混合料，沥青碎石混合料
17. 连续级配、间断级配
18. 悬浮密实、骨架空隙、密实骨架
19. 高温稳定性、低温抗裂性、耐久性、抗滑性、施工和易性
20. 抗车辙
21. 氧、硫、氮
22. 马歇尔稳定度
23. 空隙率、饱和度、残留稳定度
24. 目标配合比设计，生产配合比设计，生产配合比验证
25. 矿质混合料配合组成设计，沥青最佳用量确定

三、单选题

1. D　　2. D　　3. B　　4. C　　5. C
6. B　　7. D　　8. C　　9. D　　10. A
11. B　　12. D　　13. C　　14. D　　15. C
16. A　　17. C　　18. D　　19. A　　20. A

21. A	22. C	23. A	24. B	25. B
26. C	27. B	28. B	29. D	30. A
31. B	32. A			

四、多选题

1. AC 2. AD 3. ABCD 4. ABCD 5. BCD
6. ABCD 7. BC

五、名词解释

1. 沥青材料：沥青属于有机胶凝材料，是由高分子碳氢化合物及非金属衍生物组成的复杂混合物。常温下沥青呈黑褐色或黑色的固体、半固体或黏稠性液体。

2. 沥青的溶胶型结构：当沥青质含量相对较少，油分和树脂含量较高时，胶团外膜较厚，胶团之间完全没有引力或引力很小，胶团间相互移动较自由，这种胶体结构的石油沥青，称为溶胶型石油沥青。

3. 温度稳定性：是指石油沥青的黏性和塑性随温度改变而变化的性能。

4. 沥青软化点：是指沥青受热由固态转变为具有一定黏性流动状态时的温度。

5. 针入度：是指沥青材料在规定温度条件下，以规定质量的标准针经过规定时间贯入沥青试样的深度。

6. 针入度指数：工程中常采用针入度指数 PI 作为沥青温度稳定性指标，以反映针入度随温度而变化的程度。其值越大，沥青的温度稳定性越好，即感温性愈低。针入度指数同时也可用来判别沥青的胶体结构状态：溶胶型 PI＜－2；凝胶型 PI＞＋2；溶－凝胶型 －2＜PI＜＋2。

7. 沥青老化：在阳光、空气和热的综合作用下，沥青中各组分会不断变化。低分子化合物会不断转变为高分子物质，即油分和树脂逐渐减少，而沥青质逐渐增多。表现为沥青的塑性降低，黏性提高，硬脆性逐渐增大，直至脆裂，这一过程称为石油沥青的老化。

8. 沥青的闪点和燃点：加热沥青至挥发出的可燃性气体和空气的混合物，与火焰接触出现初次闪火现象时的沥青温度，它是施工安全的温度控制指标。沥青加热到闪点温度，极易起火。若温度继续升高，遇火后沥青将开始燃烧，燃点是指火焰持续燃烧 5s 以上时的沥青温度。闪点和燃点的高低，表明沥青引起火灾或爆炸的可能性大小，关系到运输、储存和加热使用等方面的安全。

9. 沥青混合料：是由矿料与沥青结合料拌和而成的混合料，其中矿料作为骨架，沥青与填料起胶结和填充作用。

10. 连续级配沥青混合料：是指沥青混合料中矿料是按级配原则，从大到小各级粒径都有，按比例相互搭配组成的混合料。

11. 高温稳定性：是指沥青混合料在高温（通常为 60℃）条件下，经车辆荷载长期重复作用后，不产生车辙和波浪等病害，抵抗永久变形的性能。

12. 施工和易性：是指沥青混合料在施工过程中是否容易拌和、摊铺和压实的性能。

六、问答题

1. 石油沥青的三组分分析法是将石油沥青分离为油分、胶质（也称树脂）和沥青质（也称地沥青质）三个主要组分。不同组分对石油沥青性能的影响不同。油分为淡黄色至红褐色的油状液体，是沥青中分子量最小和密度最小的组分，加热可挥发，占沥青总量的45%～60%。油分赋予石油沥青以流动性，可以降低其黏度和软化点。油分含量越多，沥青的软化点越低，针入度越大，稠度降低。

树脂为黄色至黑褐色黏稠半固体，分子量和密度比油分大，占沥青总量的15%～30%。树脂赋予石油沥青以良好的黏性、塑性和流动性，对沥青的延性、黏结力有很大影响。树脂分为中性树脂和酸性树脂。中性树脂使沥青具有一定黏性、塑性和可流动性，其含量越多，沥青的黏结性和延伸性越大，而沥青树脂中绝大部分属于中性树脂。

沥青质为深褐色至黑色无定形固体粉末，分子量比树脂大，占沥青总量的5%～30%。沥青质是决定石油沥青温度稳定性、黏性及硬度的重要组分。随着沥青质含量的提高，石油沥青的黏结力、黏度增加，温度稳定性、硬度提高，越硬脆。

2. （1）黏滞性：又称黏结性。黏滞性应以绝对黏度表示，但为工程上检测方便，采用条件黏度表示。黏稠石油沥青的黏性，用针入度表示；对液体石油沥青，用标准黏度表示。

（2）塑性：指在外力作用下沥青产生变形而不破坏，除去外力后，仍能保持变形后的形状的性质，用延度表示。

（3）温度敏感性：指石油沥青的黏滞性和塑性随温度升降而变化的性能。软化点、针入度指数表示沥青高温性能指标。沥青的脆点反映沥青的低温变形能力指标。

（4）大气稳定性：石油沥青在热、阳光、氧气和潮湿等大气因素的长期综合作用下抵抗老化的性能，称为大气稳定性，也是沥青材料的耐久性。评价指标：加热蒸发损失百分率、加热后针入度比等。

3. 石油沥青的黏滞性是指沥青材料抵抗外力作用下发生黏性变形的能力，是反映沥青材料内部阻碍其相对流动的一种特性，也反映了沥青软硬、稀稠的程度。

石油沥青黏滞性的大小与石油沥青的组分含量及温度有关。一般情况，沥青质含量较高，又有适量树脂和较少的油分时，则黏性较大。在一定温度范围内，温度升高，其黏性降低。

沥青黏滞性大小的表示有绝对黏度和相对黏度两种，而工程上常用相对黏度（条件黏度）来表示。测定相对黏度的主要方法是用标准黏度计和针入度仪。

黏稠石油沥青的相对黏度是用针入度仪测定的针入度表示。它反映了石油沥青抵抗剪切变形的能力。针入度是指在规定温度（25℃）下，以规定重量（100g）的标准针，在规定时间（5s）内垂直穿入沥青试样中的深度，单位为1/10mm，符号为 $P_{(25℃, 100g, 5s)}$。例如，某沥青在上述条件下测得针入度为60(0.1mm)，可表示为：$P_{(25℃, 100g, 5s)} = 60(0.1\text{mm})$。针入度值越小，表明黏度越大。

液体石油沥青的相对黏度是用标准黏度计测定的标准黏度表示。它表征了液体沥青在流动时的内部阻力。标准黏度是在规定温度 t（20℃、25℃、30℃或60℃）、规定直径

d（3mm、5mm 或 10mm）的孔口流出 50mL 沥青所需的时间（s），以 $C_{T,d}$ 表示（T 为试验温度，℃；d 为孔径，mm）。如某沥青在 60℃ 时，自 5mm 孔径流出 50mL 沥青所需时间为 100s，表示为 $C_{60,5}100$。在相同温度和相同流孔条件下，流出时间愈长，表示沥青黏度愈大。

4. 塑性是指石油沥青在外力作用时产生变形而不破坏（裂缝或断开），除去外力后仍保持变形后形状的性质，也可反映沥青开裂后的自愈能力。

石油沥青的塑性用延度仪测定的延度表示。将沥青试样制成∞字形标准试件（中间最小截面积为 1cm²），在规定拉伸速度（5cm/min）和规定温度（25℃）下拉断时的伸长长度（cm）即为延度。沥青的延度愈大，塑性愈好。

石油沥青的塑性与它的组分和所处温度有关。沥青质含量相同时，树脂和油分的比例将决定沥青的塑性大小，油分、树脂含量愈多，沥青延度越大，塑性越好；沥青的塑性随温度升高而增大。

5. 温度稳定性是指石油沥青的黏性和塑性随温度改变而变化的性能。温度稳定性差的沥青，对温度变化的反应敏感。当温度升高时，沥青由固态或半固态逐渐软化成黏性流动状态，当温度降低时由黏性流动状态转变成固态甚至变硬变脆，在此过程中反映了沥青随温度升降其黏性和塑性的变化。工程中使用的沥青材料要求有较好的温度稳定性，以免气温变化时沥青性能出现过大变化。

温度稳定性用软化点表示，一般用环球法测定。将沥青试样装入规定尺寸的铜环内，上置一规定尺寸和质量的铜球，置于水或甘油中，以 5℃/min 的升温速度加热至沥青软化下垂达 25.4mm（与下方底板接触）时的水温（或甘油的温度），即为软化点，以℃为单位。软化点是指沥青受热由固态转变为具有一定黏性流动状态时的温度。软化点越高，沥青的耐热性越好，即温度稳定性越好（温度敏感性越小）。针入度是在规定温度下测定沥青的条件黏度，而软化点则是沥青达到规定条件黏度时的温度。软化点既是反映沥青材料稳定性的一个指标，也是沥青黏度的一种量度。

衡量石油沥青温度稳定性的指标还有针入度指数（PI）和针入度黏度指数（PVN），两者都涉及针入度 P。针入度指数（PI）值越大，沥青的温度稳定性越好，即感温性愈低。针入度黏度指数愈大，表示沥青的感温性愈低。

6. 大气稳定性是指石油沥青在热、阳光、氧气和潮湿等因素长期综合作用下抵抗老化的性能，它反映沥青的耐久性。

石油沥青的大气稳定性以沥青试样在 160℃ 下加热蒸发 5h 后质量"蒸发损失百分率"和"蒸发后针入度比"表示。蒸发损失百分率愈小，蒸发后针入度比愈大，则表示沥青大气稳定性愈好，即"老化"愈慢，沥青的使用寿命长。

7. 沥青中蜡的存在，在高温中会使沥青容易发软，导致沥青路面高温稳定性降低，出现车辙；同样在低温时会使沥青变得硬脆，导致路面低温抗裂性降低，出现裂缝。此外，蜡会使沥青与石料的黏附性降低，在有水的条件下会使路面石子产生剥落现象，造成路面破坏，更严重的是含蜡沥青会使沥青路面的抗滑性降低，影响路面的行车安全。

8. 油分、树脂和沥青质是石油沥青中的三大主要组分。油分与沥青质是靠树脂将两者联系起来的，油分和树脂可以互相溶解，树脂能浸润沥青质。因此，石油沥青的结构是以沥青质为核心，周围吸附部分树脂和油分，构成胶团，无数胶团分散在油分中而形成胶体结构。石油沥青中各组分相对含量的不同，可以形成不同的胶体结构。

（1）溶胶型结构。当沥青质含量相对较少，油分和树脂含量较高时，胶团外膜较厚，胶团之间完全没有引力或引力很小，胶团间相对运动较自由，这种胶体结构的石油沥青，称为溶胶型石油沥青。它的特点是黏性小而流动性和塑性较好，开裂后自愈能力较强，对温度的敏感性强（温度稳定性较差）。液体沥青多属此结构。

（2）凝胶型结构。当沥青质含量相对较多，油分和树脂含量较少时，胶团外膜较薄，胶团靠近聚集，相互吸引力增大，胶团间相互移动较困难，这种胶体结构的石油沥青，称为凝胶型石油沥青。它的特点是具有较好的弹性，黏性较高，流动性和塑性较低，开裂后自愈能力较差，对温度的敏感性低（温度稳定性好）。建筑工程中常使用的氧化沥青多属此结构。

（3）溶—凝胶型结构。当沥青质含量适当并有较多的树脂作为保护层时，胶团间有一定的吸引力，形成一种介于溶胶型和凝胶型两者之间的结构，称为溶凝胶型结构。性质也介于两者之间，此结构在高温时具有较好的稳定性（抗高温能力较强），低温时具有良好的变形能力。道路石油沥青多属此结构。

9. 煤沥青与石油沥青同是复杂的高分子碳氢化合物，主要是由碳、氢、氧、硫和氮元素组成，它们外观相似，具有不少共同点。煤沥青可分离为油分、软树脂、硬树脂和游离碳四个组分，油分又可分离为中性油、酚、萘和蒽。由于组分有所不同，故性能也有所不同。煤沥青与石油沥青相比，在技术性质上有如下差异：

（1）温度稳定性较低，因组分中所含可溶性树脂多，由固态或黏稠态转变为黏流态的温度间隔较小，夏天易软化流淌而冬天易脆裂。

（2）大气稳定性较差，因含挥发性成分和化学稳定性差的成分较多，在热、阳光、氧气等长期综合作用下，煤沥青的组成变化较大，易硬脆。

（3）塑性较差，容易因变形而开裂，因含有较多的游离碳。

（4）防腐性较好，因含有蒽、酚等，故有毒性和臭味，防腐能力较好，适用于木材的防腐处理。

（5）黏结性较好，因含表面活性物质较多，与矿料表面的黏附能力较好。

煤沥青与石油沥青混掺时将发生沉渣变质现象而失去胶凝性，故一般不宜混掺使用。

10. 防水工程中使用的沥青必须具有特定的性能。在低温条件下应有良好的弹性和塑性，在高温条件下要有足够的强度和稳定性，在加工和使用条件下具有抗老化能力，与各种矿料和结构表面有较强的黏附力等。通常情况，石油加工厂制备的沥青不一定能全面满足上述要求，因此通常要对沥青进行改性处理。

改性沥青是通过在沥青中加入不同的改性剂，使沥青性质得到不同程度的改善，以满足土木工程使用过程中各方面要求。常用矿物填料和聚合物（橡胶和树脂）等对沥青进行改性处理，改性沥青主要用于生产防水材料。

（1）矿物填充料改性沥青，在石油沥青中加入一定数量的矿物填充料，可提高沥青的黏结能力和耐热性，提高沥青的温度稳定性，同时也可减少沥青的耗用量。常用的矿物填充料大多是粉状和纤维状的，主要有滑石粉、石灰石粉、硅藻土和石棉等。

（2）橡胶改性沥青，橡胶是石油沥青比较理想的改性材料，它和沥青有较好的混溶性。通过掺入橡胶，使改性沥青具有一些橡胶的性能，黏结性、弹性和柔韧性增加，温度稳定性提高，抗老化能力增强等。常用的改性橡胶有氯丁橡胶、丁基橡胶、丁苯橡胶、再生橡胶等。

（3）树脂改性沥青，将合成树脂掺入于石油沥青中，可以改善沥青的黏结性、低温柔韧性、耐热性和不透气性。由于石油沥青与树脂的相溶性较差，而煤沥青与树脂的相溶性较好，故树脂多用作煤沥青的改性材料。用于石油沥青改性的树脂有古马隆树脂、聚乙烯（PE）、聚丙烯（PP）等。

（4）橡胶和树脂改性沥青，在沥青中掺入橡胶和树脂，三者混溶而成的改性沥青，它兼有橡胶和树脂的特性。用树脂改性石油沥青，可以改善沥青的耐寒性、耐热性、黏结性和不透气性，且树脂比橡胶便宜，橡胶和树脂又有较好的混溶性，故效果较好。可用于生产卷材、片材、密封材料和防水涂料等。

11. 沥青混合料是由沥青、粗集料、细集料和矿粉按一定比例拌和而成的一种复合材料。根据矿质骨架的结构状况和其粗、细集料的比例不同，其组成结构分为以下三种结构类型。

（1）悬浮密实结构，为连续密级配的沥青混合料，由于粗集料数量相对较少，细集料的数量较多，使粗集料以悬浮状态位于细集料之间。这种结构的沥青混合料密实度和强度较高，且连续级配不易离析而便于施工，但由于粗集料少，不能形成骨架，所以稳定性较差。这是目前我国沥青混凝土主要采用的结构。

（2）骨架空隙结构，为连续开级配的沥青混合料，由于粗集料较多，彼此紧密相接形成骨架，细集料过少不足以充分填充粗集料之间形成的较大空隙，形成骨架空隙结构。该结构温度稳定性好，但沥青与矿料的粘结力差、空隙大、耐久性差。

（3）骨架密实结构，为间断密级配的沥青混合料，是综合以上两种结构之长的一种结构，由于它既有一定数量的粗集料形成骨架结构，又有足够的细集料填充到粗集料之间的空隙中去，故其密实度、强度和温度稳定性都较好，是一种较理想的结构类型。

12. 沥青混合料作为路面材料，承受车辆行驶反复荷载和气候因素的作用，所以它应具有抗高温变形、抗低温脆裂、抗滑、耐久性等技术性质以及良好的施工和易性。

（1）高温稳定性：是指沥青混合料在高温（通常为60℃）条件下，经车辆荷载长期重复作用后，不产生车辙和波浪等病害，抵抗永久变形的性能。

我国采用马歇尔稳定度试验（包括稳定度、流值、马歇尔模数）来评价沥青混合料高温稳定性；对高速公路、一级公路和城市快速路等沥青混合料，还应通过车辙试验检验抗车辙能力。

（2）低温抗裂性：是指保证沥青路面在低温时不产生裂缝的能力。沥青混合料随着温度的降低，变形能力下降。路面由于低温而收缩以及行车荷载的作用，在薄弱部位产生裂缝，从而影响道路的正常使用。因此，要求沥青混合料具有一定的低温抗裂性。

沥青混合料的低温裂缝是由混合料的低温脆化、低温缩裂和温度疲劳引起的。低温脆化是指其在低温条件下，变形能力降低；低温缩裂通常是由于材料本身的抗拉强度不足而造成的;温度疲劳是因温度循环而引起疲劳破坏。混合料的低温脆化一般用不同温度下的弯拉破坏试验来评定;低温缩裂可采用低温收缩试验评定;而温度疲劳则可以用低频疲劳试验来评定。

选用黏度相对较低,温度敏感性低、抗老化能力强的沥青或橡胶改性沥青,适当增加沥青用量,可防止或减少沥青路面的低温开裂。

(3) 耐久性:是指其在外界各种因素(如阳光、空气、水、车辆荷载等)的长期作用下,保持正常使用状态而不出现剥落和松散等损坏的能力。它主要表现为沥青的老化或硬化导致的变脆、易裂;集料被压碎或冻融崩解导致的磨损或级配退化;沥青与集料间的黏附性降低导致的剥落、松散。

影响沥青混合料耐久性的主要因素有:沥青的化学性质、矿料的矿物成分、沥青混合料的组成结构(残留空隙率、沥青填隙率)等。空隙率越小,可以越有效地防止水分渗入和日光紫外线对沥青的老化作用,耐久性越好;但应残留一定的空隙,以备夏季沥青材料膨胀。

我国现行规范采用空隙率(VV)、饱和度(沥青填隙率 VFA)和残留稳定度等指标来表征沥青混合料的耐久性。这些指标均应达到规范的要求,才能说明沥青混合料的耐久性合格。空隙率(VV)是评价沥青混合料密实程度的指标,指矿料及沥青以外的空隙(不包括矿料自身内部的孔隙)的体积占试件总体积的百分率。残留稳定度反映沥青混合料受水损害时抵抗剥落的能力,即水稳定性。沥青饱和度也称沥青填隙率(VFA),即沥青混合料试件矿料间隙中扣除被集料吸收的沥青以外的有效沥青结合料部分的体积在试件矿料间隙中所占的百分率。

沥青混合料耐久性常用浸水马歇尔试验、冻融劈裂强度试验、浸水劈裂强度试验、浸水车辙试验等。

选择耐老化性能好的沥青,降低沥青混合料空隙率,适当增加沥青用量,掺加外加剂,降低沥青混合料的离析程度等都有利于提高沥青路面的耐久性。

(4) 抗滑性:用于高等级公路沥青路面的沥青混合料,其表面应具有一定的抗滑性,才能保证汽车高速行驶的安全性。路面抗滑性可用路面构造深度、路面抗滑值以及摩阻系数来评定。构造深度、路面抗滑值和摩阻系数越大,说明路面的抗滑性越好。

沥青混合料路面的抗滑性与矿质集料的表面性质、混合料的级配组成、沥青用量以及含蜡量等因素有关。配料时应特别注意矿料的耐磨光性,应选择硬质有棱角的矿料。同时采取适当增大集料粒径、减少沥青用量及控制沥青的含蜡量等措施,均可提高路面的抗滑性。

(5) 施工和易性:是指沥青混合料在施工过程中是否容易拌和、摊铺和压实的性能。

影响混合料施工和易性的主要因素有:矿料级配、沥青的用量、施工环境条件、搅拌工艺等。矿料的级配对其和易性影响较大,粗细集料的颗粒大小相距过大,缺乏中间粒径,混合料容易离析;细料太少,沥青层不易均匀地分布在粗颗粒表面;细料过多,则拌和困难。沥青用量过少,混合料容易产生疏松,不易压实;反之,如沥青用量过多,则容易使混合料粘结成块,不易摊铺。

七、计算题

1. 答案

掺配时较软石油沥青（软化点为 25℃）用量为：
$$Q_1 = \frac{T_2 - T}{T_2 - T_1} \times 100\% = \frac{95-75}{95-25} \times 100\% = 28.6\%$$

较硬石油沥青（软化点为 95℃）用量为：
$$Q_2 = 100 - Q_1 = 71.4\%$$

以估算的掺配比例和其邻近的比例（5%～10%）进行试配（混合熬制均匀），测定掺配后沥青的软化点，然后绘制"掺配比—软化点"关系曲线，即可从曲线上确定出所要求的掺配比例。

2. 答案

（1）矿质混合料级配组成的确定：

1）由原始资料可知，沥青混合料用于高速公路三层式沥青混凝土上面层，依据有关标准，沥青混合料类型可选用 AC-16。中粒式 AC-16 型沥青混凝土的矿质混合料级配范围见表 7-4（参考教材表 7-11）。

表 7-4　　　　　　　　矿质混合料要求级配范围

级配类型	通过下列筛孔（mm）的质量（%）									
	19.0	16.0	13.2	9.5	4.75	2.36	1.18	0.6	0.3	0.15	0.075
AC-16	100	90～100	76～92	60～80	34～62	20～48	13～36	9～26	7～18	5～14	4～8

2）根据矿质集料的筛分结果及《沥青路面施工及验收规范》的有关规定，采用图解法或试算法（电算）法求出矿质集料的比例关系，并进行调整，使合成级配尽量接近要求级配范围中值。经调整后的矿料合成级配计算列于表 7-5。

表 7-5　　　　　　　　矿质混合料合成级配计算表

设计混合料配合比（%）	通过下列筛孔（mm）的质量（%）									
	19.0	16.0	13.2	9.5	4.75	2.38	1.18	0.6	0.3	0.15	0.075
1号碎石，30	30	27.1	12.7	1.5	0.4	0.1	0				
2号碎石，25	25	25	25	22.2	7.3	1.7	0.8	0.6	0.4	0	0
石屑，22	22	22	22	22	21.8	17.3	8.4	6.6	4.4	4.0	1.9
砂，17	17	17	17	17	16.8	16.0	13.0	9.0	5.0	1.0	0.1
矿粉，6	6	6	6	6	6	6	6	6	6	5.8	4.8
合成级配	100	97.1	82.7	68.7	52.3	41.1	28.2	22.2	15.8	10.8	6.8
要求级配	100	90～100	76～92	60～80	34～62	20～48	13～36	9～26	7～18	5～14	4～8
级配中值	100	95	84	70	48	34	24.5	17.5	12.5	9.5	6

由此可得出矿质混合料的组成为：1号碎石 30%；2号碎石 25%；石屑 22%；砂

17%；矿粉 6%。

(2) 沥青最佳用量的确定：

1) 按上述计算所得的矿质集料级配和推荐的沥青用量范围，中粒式沥青混凝土（AC-16）的沥青用量为 4.0%～6.0%，采用 0.5% 的间隔变化，配置五组马歇尔试件。试件拌制温度为 140℃，试件成型温度为 130℃，击实次数为两面各夯击 75 次。成型试件经 24 小时候后，测定其各项指标，以沥青用量为横坐标，以实测密度、空隙率、饱和度、稳定度、流值为纵坐标，画出沥青用量和它们之间的关系曲线，如图 7-1 所示。

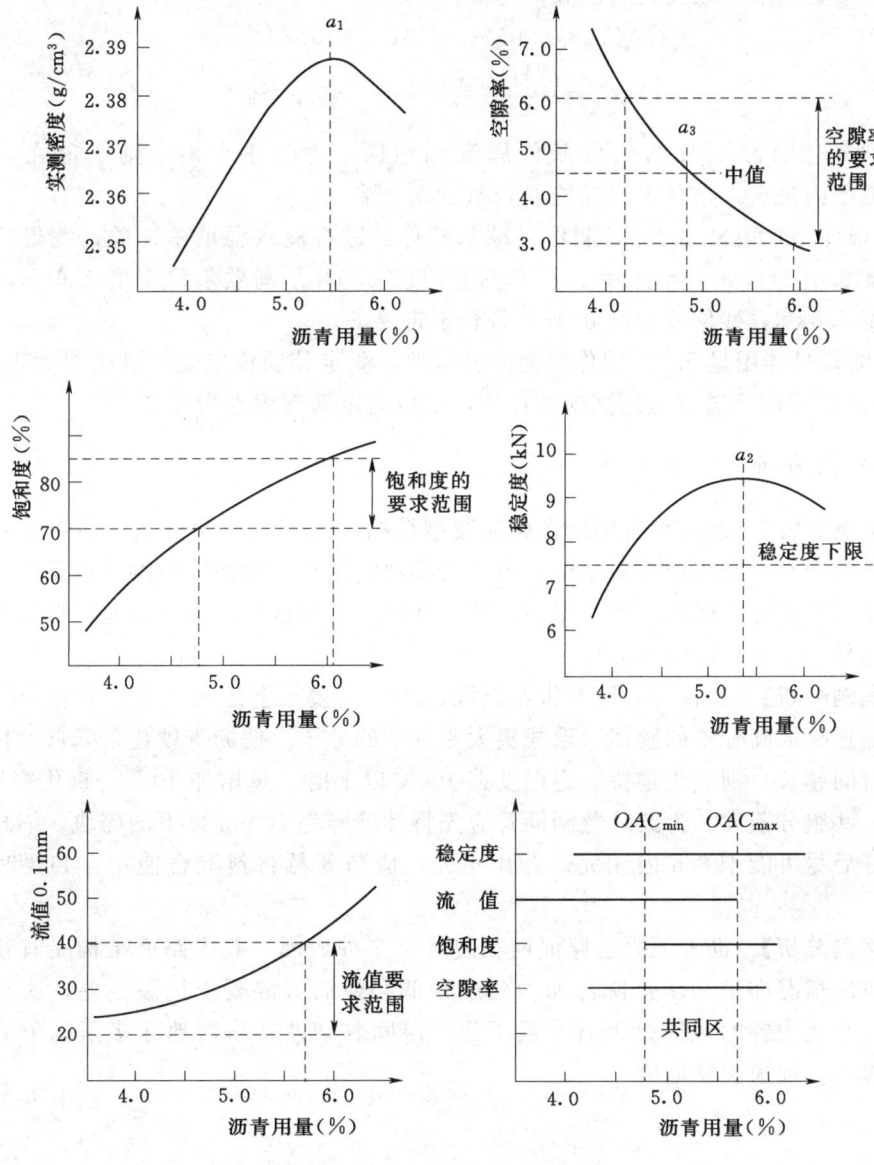

图 7-1　马歇尔实验各项指标与沥青用量关系图

2) 从图中取相应于密度最大值的沥青用量 a_1，相应于稳定度最大值的沥青用量为

a_2，相应于规定空隙率范围中值的沥青用量 a_3，以三者平均值作为最佳沥青的初始值 OAC_1。

从图中可以看出 $a_1=5.4\%$，$a_2=4.9\%$，$a_3=4.9\%$。则

$$OAC_1 = \frac{a_1+a_2+a_3}{3} = 5.07\%$$

根据热拌沥青混合料马歇尔实验技术指标，对高速公路用 AC-16 沥青混合料，稳定度≮7.5kN，流值在 2~4mm，空隙率 3%~6%，饱和度 70%~85%，分别确定各关系曲线上沥青用量的范围，取其共同部分，可得：

$$OAC_{min} = 5.05\% \quad OAC_{max} = 5.70\%$$

$$OAC_2 = \frac{OAC_{min}+OAC_{max}}{2} = 5.38\%$$

考虑到高速公路所处的气候条件属温和地区，为防止车辙，则取值在 OAC_2 与 OAC_{min} 的范围内决定，结合工程经验取 $OAC=5.2\%$。

3）按最佳沥青用量 5.2%，制作马歇尔试件，进行浸水马歇尔试验，测得的试验结果为：密度 2.457g/cm³，空隙率 3.8%，饱和度 72.0%。马歇尔稳定度 9.6kN，浸水马歇尔稳定度 7.8kN，残留稳定度 81%，符合规定要求。

4）按沥青最佳用量 5.2%制作车辙实验试件，测定其动稳定度，其结果大于 800 次/mm，符合规定要求。通过上述试验和计算，最后确定沥青用量为 5.2%。

八、案例分析

1. **【案例分析】** 该工程所用沥青属凝胶型结构，其沥青质含量高，沥青质未能被胶质很好地胶溶分散，则胶团就会联结，形成三维网状结构。此类沥青的特点是弹性和黏性较好，温度敏感性小，但流动性、塑性较差，开裂后自行愈合的能力较差，低温变形能力差。故特别易于冬天形成较多裂缝。

2. **【案例分析】** 沥青与其他有机物类同，与空气接触会逐渐氧化，沥青中的极性含氧基团逐渐连接成高分子的胶团，形成更大更复杂的分子，使沥青硬化，降低柔韧性。温度越高，时间越长，则氧化越快。当温度在 100℃以上时，每增加 10℃，氧化率约提高 1 倍，且使一些组分蒸发。为此，熬制沥青应先将其破碎为 10 cm 以下的碎块，缩短熬制时间，且熬好后尽可能于 8 h 内用完。若用不完，应与新熬材料混合使用，必要时作性能检查。

3. **【案例分析】** 沥青混凝土路面网状裂缝有多种成因。其中路面结构夹有软弱层的因素从提供的情况亦可初步排除。沥青延度较低会使沥青混凝土抗裂性差，这是原因之一。而另一个更主要的原因是沥青厚度不足，层间黏结差，华南地区多雨，于下凹处积水，水分渗入亦加速裂缝形成。

第八章 木 材

一、判断题（正确的打√，错误的打×）

1. 木材根据树种不同分为针叶树材和软木材两大类。 （ ）
2. 木材平行于树轴的切面称为横切面。 （ ）
3. 相同的树种，径向单位长度的年轮数越多，分布越均匀，则材质越好。 （ ）
4. 一般情况下春材的壁厚腔小，夏材的壁薄腔大。 （ ）
5. 死节对木材力学性能和外观质量影响不大。 （ ）
6. 木材纤维与纤维之间分离所形成的缝隙称为裂缝。 （ ）
7. 木材的含水量越大，其强度越低。 （ ）
8. 木材含水量在纤维饱和点之上，其含水量对强度影响不大。 （ ）
9. 木材的干缩率以弦向干缩最大。 （ ）
10. 木材各强度中，以顺纹抗拉强度最大。 （ ）
11. 斜纹能严重降低顺纹抗压强度。 （ ）
12. 木材的腐朽是由真菌在木材中寄生而引起的。 （ ）
13. 因各种昆虫危害而造成的木材缺陷称为木材虫害。 （ ）
14. 按加工程度和用途不同，木材分为原条、原木、锯材三类。 （ ）
15. 木材的剪切强度中，以横纹剪切强度最大。 （ ）

二、填空题

1. 木材根据树种的不同可分为_____和_____两大类。
2. 针叶树材又称_____，阔叶树材又称_____。
3. 木材的切面可分为_____、_____、_____。
4. 树木是由_____、_____和_____所组成。
5. _____是位于髓心和树皮之间的部分，是建筑材料使用的主要部分。
6. 一年中形成的早、晚材合称为一个_____。
7. 髓线的功能为_____和_____。
8. 木材中_____是一串纵行细胞复合生成的管状构造，起输送养料的作用。
9. 通常木材的细胞壁越_____，腔越_____，则木材越密实。
10. 一般情况下春材的壁_____腔_____，夏材的壁_____腔_____。
11. 木材中纵向排列的细胞按功能分为_____、_____和_____。
12. _____是区分绝大多数阔叶材和针叶材的重要标志。
13. 在木材的疵病中，_____、_____和_____对材质的影响最大。

14. 木材的受剪方式有_____、_____和_____三种。
15. 木材的持久强度比其极限强度小得多，一般为极限强度的_____。
16. 真菌在木材中生存必须同时具备以下三个条件：_____、_____和_____。
17. 按加工程度和用途不同，木材分为_____、_____、_____三类。
18. 防腐剂主要有_____、_____和_____三类。
19. 木材中被昆虫蛀蚀的孔道称为_____或_____。
20. 侵蚀木材的真菌有三种，即_____、_____和_____。

三、单选题

1. 导管是一串纵行细胞复合生成的管状构造，起（　　）作用。
   A. 传递　　　　　　　　　　　　　B. 储存养分
   C. 输送养料　　　　　　　　　　　D. 渗透水分
2. 木材纤维饱和点一般为（　　）。
   A. <20%　　　　　　　　　　　　B. 25%～35%
   C. >30%　　　　　　　　　　　　D. 15%～25%
3. 木材（　　）方向的干缩率最大。
   A. 弦向　　　　　　　　　　　　　B. 径向
   C. 纵向　　　　　　　　　　　　　D. 横向
4. 木材的持久强度一般为极限强度的（　　）。
   A. 30%　　　　　　　　　　　　　B. 25%～35%
   C. 40%～50%　　　　　　　　　　D. 50%～60%
5. 木材各强度中，（　　）强度最大。
   A. 顺纹抗压　　　　　　　　　　　B. 顺纹抗拉
   C. 顺纹剪切　　　　　　　　　　　D. 横纹切断
6. 木材强度等级是按（　　）来评定。
   A. 平均抗压强度　　　　　　　　　B. 弦向静曲强度
   C. 顺纹抗压强度　　　　　　　　　D. 极限强度
7. 除去根、梢、枝的伐倒木称为（　　）。
   A. 原条　　　　　　　　　　　　　B. 原木
   C. 方材　　　　　　　　　　　　　D. 板材
8. 位于髓心和树皮之间的部分称为（　　）。
   A. 木射线　　　　　　　　　　　　B. 导管
   C. 木质部　　　　　　　　　　　　D. 树脂道
9. 埋藏在树干中的枝条称为（　　）。
   A. 伤痕　　　　　　　　　　　　　B. 节子
   C. 裂纹　　　　　　　　　　　　　D. 夹皮
10. 温度越高，木材的强度越（　　）。

A. 大 B. 小
C. 不变 D. 不确定

四、多选题（选出两个以上正确答案）

1. 木材的含水量变化对下列（　　）强度影响大。
   A. 抗弯 B. 顺纹抗压
   C. 顺纹抗拉 D. 顺纹抗剪
2. 木材有以下（　　）切面。
   A. 纵切面 B. 横切面
   C. 弦切面 D. 径切面
3. 树木由（　　）部分组成。
   A. 树干 B. 树皮
   C. 木质部 D. 髓心
4. 木材中的水分包括（　　）。
   A. 自由水 B. 细胞水
   C. 吸附水 D. 化学结合水
5. 木节可分为（　　）。
   A. 活节 B. 死节
   C. 松软节 D. 腐朽节
6. 大批量木材干燥一般以（　　）方式为主。
   A. 蒸汽干燥法 B. 大气干燥法
   C. 窑干法 D. 阴干法
7. 真菌在木材中生存必须具备（　　）条件。
   A. 阳光 B. 水分
   C. 氧气 D. 温度
8. 侵蚀木材的真菌有（　　）几种。
   A. 霉菌 B. 变色菌
   C. 软腐菌 D. 腐朽菌
9. 下列（　　）节子对木材力学性能和外观质量影响最大。
   A. 死节 B. 健全活节
   C. 腐朽节 D. 漏节
10. 木材的受剪方式有（　　）几种。
    A. 顺纹剪切 B. 横纹剪切
    C. 顺纹切断 D. 横纹切断

五、名词解释

1. 纤维饱和点
2. 平衡含水率

3. 裂纹

4. 疵病

5. 持久强度

六、问答题

1. 有不少住宅的木地板使用一段时间后出现接缝不严，但也有一些木地板出现起拱。请分析原因。

2. 常言道，木材是"湿千年，干千年，干干湿湿二三年"。请分析其中的道理。

3. 某工地购得一批混凝土模板用胶合板，使用一定时间后发现其质量明显下降。经送检，发现该胶合板是使用脲醛树脂作胶粘剂。请分析原因。

4. 影响木材强度的主要因素有哪些？

5. 木材的边材与心材有何差别？

七、计算题

测得一松木试件，其含水率为11%，此时其顺纹抗压强度为64.8MPa，试问：

(1) 标准含水量状态下其抗压强度为多少？

(2) 当松木含水率分别为20%，30%，40%时的强度各为多少？（该松木的纤维饱和点为30%，松木的 α 为0.05）

第八章　参　考　答　案

一、判断题

1. ×	2. ×	3. √	4. ×	5. ×
6. ×	7. ×	8. √	9. √	10. √
11. ×	12. √	13. √	14. √	15. ×

二、填空题

1. 针叶树材，阔叶树材　　　　2. 软木材，硬木材

3. 横切面、径切面、弦切面　　4. 树皮、木质部、髓心

5. 木质部　　　　　　　　　　6. 年轮

7. 横向传递，储存养分　　　　8. 导管

9. 厚，小　　　　　　　　　　10. 薄、大，厚、小

11. 管胞，导管，木纤维　　　　12. 有无导管

13. 节子、裂纹、腐朽　　　　　14. 顺纹剪切、横纹剪切、横纹切断

15. 50%～60%　　　　　　　　16. 水分、氧气、温度

17. 原条、原木、锯材　　　　　18. 水溶性、油溶性、油质防腐剂

19. 虫眼、虫孔　　　　　　　　20. 霉菌、变色菌、腐朽菌

三、单选题

1. C   2. B   3. A   4. D   5. B
6. B   7. A   8. C   9. B   10. B

四、多选题

1. AB   2. BCD   3. BCD   4. ACD   5. ABCD
6. BC   7. BCD   8. ABD   9. ACD   10. ABD

五、名词解释

1. 纤维饱和点：当木材中无自由水，而细胞壁内吸附水达到饱和时，这时的木材含水率称为纤维饱和点。

2. 平衡含水率：木材中所含的水分是随着环境的温度和湿度的变化而改变的，当木材长时间处于一定温度和湿度的环境中时，木材中的含水量最后会达到与周围环境湿度相平衡，这时木材的含水率称为平衡含水率。

3. 裂纹：木材纤维与纤维之间分离所形成的缝隙称为裂纹。

4. 疵病：木材在生长、采伐及保存过程中，会产生内部和外部的缺陷，统称为疵病。

5. 持久强度：木材在长期荷载作用下不致引起破坏的最大强度，称为持久强度。

六、问答题

1. 木地板接缝不严的原因是木地板干燥收缩。若铺设时木地板的含水率过大，高于平衡含水率，则日后特别是干燥的季节，水分减少、干缩明显，就会出现接缝不严。但若原来木材含水率过低，木材吸水后膨胀，或温度升高后膨胀，也就出现起拱。接缝不严与起拱是问题的两个方面，即木地板的制作需考虑使用环境的湿度，含水率过高或过低都是不利的，应控制适当范围，此外应注意其防潮。对较常见的木地板接缝不严，选企口地板较平口地板更为有利。

2. 真菌在木材中的生存和繁殖，须同时具备三个条件，即要有适当的水分、空气和温度。但木材的含水率在 35%～50%，温度在 25～30℃，木材中又存在一定量空气时，最适宜腐朽真菌繁殖，木材最易腐朽。木材完全浸入水中，因缺空气而不易腐朽；木材完全干燥，亦因缺水分而不易腐朽。相反，在干干湿湿的环境中，同时满足了腐朽真菌繁殖的三个条件，木材亦就很快腐朽了。

3. 胶合板所使用的胶黏剂对其性能至关重要。用于混凝土模板的胶合板，应采用酚醛树脂或其他性能相当的胶黏剂，具有耐气候、耐水性，能适应在室外使用。而脲醛树脂胶粘剂尽管便宜，但不适于作室外使用。故其寿命短。

4. 影响木材强度的主要因素有：①含水率；②环境温度；③负荷时间；④木材的疵病。除此还有树木的种类，生长环境等。

5. 靠近髓心、颜色较深部分为心材，靠近树皮色浅部分为边材。心材材质密、强度高、变形小；边材含水量较大，变形亦较大。应该说，心材的利用价值较边材大些。

七、计算题

答案：

(1) 标准含水量状态下的抗压强度

$$\sigma_{12} = \sigma_w[1+\alpha(W-12)]$$

已知：$W=11\%$，$\sigma_{11}=64.8\text{MPa}$，$\alpha=0.05$。则

$$\sigma_{12} = \sigma_{11}[1+\alpha(W-12)] = 64.8 \times [1+0.05 \times (11-12)] = 61.56(\text{MPa})$$

(2) 当 $W=20\%$ 时

$$\sigma_{20} = \frac{\sigma_{12}}{1+\alpha(W-12)} = \frac{61.56}{1+0.05 \times (20-12)} = 43.97(\text{MPa})$$

当 $W=30\%$ 时

$$\sigma_{30} = \frac{\sigma_{12}}{1+\alpha(W-12)} = \frac{61.56}{1+0.05 \times (30-12)} = 32.4(\text{MPa})$$

当 $W=40\%$ 时

$$\sigma_{40} = \sigma_{30} = 32.4\text{MPa}$$

当含水率由 11% 上升至 12%、15%、20%、30%、40% 时，其顺纹抗压强度变化规律为：在含水率小于 30% 时，随着该木材含水率的增大，木材的抗压强度明显降低；当含水率增大到 30% 后，其抗压强度不再下降。

第九章 合成高分子材料

一、判断题（正确的打√，错误的打×）

1. 热塑性树脂经加热成形、冷却硬化后，再经加热还具有可塑性。（　　）
2. 热固性树脂经加热成形、冷却固化后，即使再经加热也不会软化。（　　）
3. 聚氯乙烯是建筑材料中应用最为普遍的聚合物之一。（　　）
4. 塑料的绝对强度不高，但其比强度高，是一种轻质高强材料。（　　）
5. 玻璃纤维增强塑料又称玻璃钢。（　　）

二、填空题

1. 高分子材料按分子结构可分为_____聚合物分子结构和_____聚合物分子结构；按对热的性质分为_____树脂和_____树脂。
2. 建筑塑料除含有树脂外，还含有_____、_____、_____、_____及其他添加剂。
3. 塑料中的填料，按其外观形态特征，可分为_____、_____和_____填料三类。
4. 橡胶按来源不同，分为_____和_____两类。
5. 纤维按来源不同，分为_____和_____等；后者又分为_____和_____。
6. 胶粘剂的基本组成材料有_____、_____、_____、_____及其他添加剂。
7. 胶粘剂的胶粘机理主要有_____、_____和_____。

三、单选题

1. 下列（　　）属于热固性塑料。
   A. 聚乙烯塑料　　　　　　　　B. 酚醛树脂
   C. 聚氯乙烯塑料　　　　　　　D. 聚苯乙烯塑料
2. 按热性能分，以下（　　）属于热塑性树脂。
   A. 聚氯乙烯　　　　　　　　　B. 聚丙烯
   C. 酚醛　　　　　　　　　　　D. A+B

四、多选题（选出两个以上正确答案）

1. 高分子材料的性能缺点有（　　）。

A. 易老化   B. 可燃性及毒性
C. 耐热性差   D. 质轻
E. 绝缘性好

2. 建筑中常用的塑料制品有（   ）。

A. 塑料门窗   B. 塑料管材
C. 泡沫塑料   D. 纤维增强塑料
E. 塑料装饰材料

五、名词解释

1. 热塑性树脂
2. 热固性树脂

六、问答题

1. 什么是合成高分子材料？
2. 高分子材料老化的原因是什么？
3. 什么是合成橡胶和合成纤维？
4. 胶粘剂的基本性能有哪些？

七、案例分析

1.【案例】 某工程外墙装修采用大理石面板，须使用挂石胶粘剂，该胶粘剂的粘结强度达到 20MPa，但实际测得的粘结强度远低于此值，观察大理石表面，发现不够清洁。试讨论粘结力低的原因。

2.【案例】 近年来，我国娱乐场所火灾事故频发，造成人员伤亡、财产损失较为严重。试从装修材料方面分析原因。

第九章 参 考 答 案

一、判断题

1. √   2. √   3. √   4. √   5. √

二、填空题

1. 线型，体型；热塑性，热固性   2. 填料、增塑剂、固化剂、稳定剂、着色剂
3. 粉状、片状、纤维状   4. 天然橡胶，合成橡胶
5. 天然纤维，化学纤维；人造纤维，合成纤维
6. 粘料、固化剂、填料、稀释剂   7. 机械粘结、化学反应、物理吸附力

三、单选题

1. B   2. D

四、多选题

1. ABC   2. ABCDE

五、名词解释

1. 热塑性树脂：是指可反复加热软化、冷却硬化的树脂。

2. 热固性树脂：仅在第一次加热时软化，并且分子间产生化学交联而固化，以后再加热不会软化的树脂。

六、问答题

1. 合成高分子材料是由人工合成的有机高分子化合物为基础组成的材料，又称聚合物或高聚物。在土木工程中所涉及的主要有塑料、橡胶、合成纤维、胶粘剂等。

2. 高分子材料在阳光、空气、热以及环境介质中的酸、碱、盐等作用下，分子组成和结构发生变化，致使其性质变化，如失去弹性、出现裂纹、变硬、变脆或变软、发粘失去原有使用功能，即为老化。

3. 合成橡胶是由各种单体经聚合反应或缩合反应而制成的高弹性聚合物，采用不同的单体可以合成出不同种类的橡胶。合成纤维是以石油、天然气为原料，通过人工合成的高分子化合物经纺丝和后加工等环节而制得的化学纤维的统称。

4. 为将材料牢固地粘结在一起，胶粘剂必须具备下列基本性能：①工艺性要好，如具有足够的流动性，且易于调节粘结性和硬化速度等；②具有足够的粘结强度，这是评价胶粘剂质量高低的主要性能指标；③耐久性、耐候性要好，不易老化；④稳定性要好，膨胀或收缩变形小；⑤必须对人体无害，其有害物质限量应符合国家标准的规定；⑥其他性能如耐温性、耐化学稳定性、储藏稳定性等。

七、案例分析

1. 【案例分析】 本例中大理石表面不够清洁，会使胶粘剂与石材表面之间的物理吸附力下降，产生的化学键数量也会大大减少，导致胶结强度达不到设计要求。因此，在施工之前，必须认真对大理石面板的表面进行清理，彻底清除表面上的水分、油污、锈蚀和漆皮等附着物，以保证粘结质量。

2. 【案例分析】 娱乐场所如歌舞厅、KTV、酒吧等地方大量使用塑料、木材、纤维等装饰制品是造成火灾的重要原因之一。它们不仅燃烧速度快，而且产生大量有毒气体。这些场所一旦发生火灾，易形成混乱的局面，以致造成群死群伤事故。故在工程应用中需注意塑料制品等的可燃性及其燃烧气体的毒性，尽量使用通过改进配方制成的自熄或难燃甚至不燃产品。

第十章 建筑功能材料

一、判断题（正确的打√，错误的打×）

1. 衡量材料保温隔热性能优劣的指标主要是绝热系数。（　）
2. 相同化学组成的材料，结晶结构的导热系数最大。（　）
3. 材料吸湿受潮后，其导热系数增大，其保温隔热性能变差。（　）
4. 对于木材等纤维状材料，热流方向与纤维排列方向垂直时材料的导热系数要小于平行时的导热系数。（　）
5. 绝热材料从潮湿环境中吸收水分的能力称为吸水性。（　）
6. 绝热材料的力学强度和其他材料一样是用极限强度来表示的。通常采用抗压强度和抗拉强度。（　）
7. 24cm厚的加气混凝土墙体，其保温绝热效果优于37cm厚的砖墙。（　）
8. 碳化软木具有不透水、无味、无毒等特性，但易燃烧。（　）
9. 土木工程防水分为防潮和防渗（漏）两种。（　）
10. 防水卷材是指可卷曲成卷状的柔性防水材料。（　）
11. 沥青防水卷材按其胎体可分为纸胎卷材和纤维胎卷材。（　）
12. 石油沥青玻纤胎防水卷材，也称作玻纤胎沥青防水卷材，属塑性体防水卷材。（　）
13. 玻纤胎油毡具有较高的抗拉强度，防渗漏性能好，可达到A级防水标准。（　）
14. 石油沥青玻璃布胎油毡按物理性能分为优等品（A）、一等品（B）、合格品（C）。（　）
15. SBS卷材适用于工业与民用建筑的屋面和地下防水工程，尤其适用于较高气温环境的建筑防水。（　）
16. 三元乙丙橡胶防水卷材适用于外露屋面、大跨度、振动大、年限要求长、防水质量要求高的工程。（　）
17. 凡具备防水功能和防止液、气、固侵入的密封材料，称为防水密封材料。（　）
18. 建筑定形密封材料要求具有良好的水密性、气密性和耐久性。（　）
19. 一般来讲，坚硬、光滑结构紧密的材料吸声能力强，反射能力差。（　）
20. 能减弱或隔断声波传递的材料称为吸声材料。（　）
21. 对以加固为目的的工程，一般较广泛采用化学浆材。（　）
22. 装饰材料的质量和效果对装饰工程的质量和效果有着决定性的影响。（　）
23. 光泽是材料表面方向性反射光线的性质，用亮度表示。（　）
24. 质感是材料的表面组织结构、花纹图案、颜色、光泽和透明性等给人的综合感

觉。 ( )

25．大理石宜用于室外装饰。 ( )

二、填空题

1．凡是对热传导具有显著阻抗作用的材料称为_____。

2．_____、_____材料统称为绝热材料。

3．传热的方式有三种：_____、_____和_____。

4．工程中，通常把导热系数_____的材料称为绝热材料。

5．影响材料导热系数的主要因素有材料的_____、_____、_____、_____、_____和_____等。

6．材料的导热系数随温度升高而_____。

7．材料在受热作用下保持原有性能不变的能力，称为绝热材料的_____。

8．绝热材料的力学强度通常采用_____强度和_____强度。

9．矿棉一般包括_____棉和_____棉。

10．土木工程防水分为_____和_____两种。

11．建筑防水材料按形态和功能可分为_____、_____、_____等几类。

12．建筑防水材料按力学特性可分为_____防水材料和_____防水材料两类。

13．防水卷材主要包括_____防水卷材、_____防水卷材、_____防水卷材三大类。

14．沥青防水卷材按其胎体可分为_____卷材和_____卷材。

15．自黏聚合物改性沥青防水卷材，具有较高的_____性、_____性、_____性和低温柔性等。

16．保护建筑物构件不被水渗透或湿润，能形成具有抗渗性涂层的涂料，称为_____。

17．_____吸声材料是一种常用的吸声材料，它具有良好的中、高频吸声性能。

18．灌浆材料一般可分为_____浆材和_____浆材。其浆液的性质取决于_____及_____、_____和渗透速度等。

19．_____是材料表面方向性反射光线的性质，用_____表示。

20．材料的_____和_____能给人带来空间上和使用上是否舒适的感觉。

三、单选题

1．石油沥青掺入再生废橡胶粉改性剂，目的主要是为了提高沥青的（ ）。
A．黏性 B．低温柔韧性
C．抗拉强度 D．抗折强度

2．在建筑中，习惯上把用于控制室内热量外流的材料叫做（ ）。
A．隔热材料 B．保温材料

C. 吸声材料　　　　　　　　D. 装饰材料

3. 据统计，具有良好的绝热功能的建筑，其能源可节省（　　）。
A. 20%　　　　　　　　　　B. 25%～50%
C. 20%～30%　　　　　　　D. ＞60%

4. 工程中，通常把导热系数（　　）的材料称为绝热材料。
A. ＜0.23W/(m·K)　　　　　B. ＞0.23W/(m·K)
C. ＜0.33W/(m·K)　　　　　D. ＞0.43W/(m·K)

5. 导热系数越小，则通过材料传递的热量越少，其保温隔热性能（　　）。
A. 越差　　　　　　　　　　B. 无影响
C. 越好　　　　　　　　　　D. 不确定

6. 各材料中，导热系数大小顺序为（　　）。
A. 金属＞有机＞非金属　　　B. 非金属＞金属＞有机
C. 有机＞非金属＞金属　　　D. 金属＞非金属＞有机

7. 相同化学组成的材料，（　　）结构的导热系数最大。
A. 结晶　　　　　　　　　　B. 玻璃体
C. 微晶　　　　　　　　　　D. 非结晶

8. 材料吸湿受潮后，其导热系数（　　）。
A. 降低　　　　　　　　　　B. 增大
C. 不变　　　　　　　　　　D. 不确定

9. 绝热材料从潮湿环境中吸收水分的能力称为（　　）。
A. 吸水性　　　　　　　　　B. 含水性
C. 吸湿性　　　　　　　　　D. 保水性

10. 石绵纤维具有极高的（　　）强度。
A. 抗拉　　　　　　　　　　B. 抗压
C. 抗折　　　　　　　　　　D. 抗弯

11. 工程上通常将对125Hz、250Hz、500Hz、1000Hz、2000Hz、4000Hz等6个频率的平均吸声系数（　　）的材料称为吸声材料。
A. ＜0.2　　　　　　　　　　B. 等于0.2
C. ＞0.2　　　　　　　　　　D. ＞0.3

12. 能减弱或隔断声波传递的材料称为（　　）材料。
A. 吸声　　　　　　　　　　B. 隔声
C. 隔气　　　　　　　　　　D. 绝热

13. 材料的密度越大，对空气声的反射越大，透射越小，其隔声效果（　　）。
A. 越好　　　　　　　　　　B. 越差
C. 无影响　　　　　　　　　D. 不确定

14. 光泽是材料表面方向性反射光线的性质，用（　　）表示。
A. 亮度　　　　　　　　　　B. 光泽度
C. 明度　　　　　　　　　　D. 反射度

15. 大理石构造致密，强度也较高，但硬度（　　）。
A. 大　　　　　　　　　　　B. 不大
C. 没影响　　　　　　　　　D. 不确定

四、多选题（选出 2 个以上正确答案）

1. 传热的方式有（　　）。
A. 传导　　　　　　　　　　B. 置换
C. 对流　　　　　　　　　　D. 辐射
2. 绝热材料的力学强度通常采用（　　）。
A. 抗压强度　　　　　　　　B. 抗拉强度
C. 抗折强度　　　　　　　　D. 抗弯强度
3. 土木工程防水分为（　　）。
A. 防雨　　　　　　　　　　B. 防潮
C. 防渗（漏）　　　　　　　D. 防湿
4. 防水卷材是防水材料中重要的品种之一，它主要包括（　　）。
A. 沥青防水卷材　　　　　　B. 高聚物改性沥青防水卷材
C. 合成高分子防水卷材　　　D. 石棉防水卷材
5. 沥青防水卷材按其胎体可分为（　　）。
A. 有胎卷材　　B. 纸胎卷材　　C. 无胎卷材　　D. 纤维卷材
6. 石油沥青玻璃布胎油毡按物理性能可分为（　　）。
A. 优等品　　　　　　　　　B. 一等品
C. 合格品　　　　　　　　　D. 次品
7. SBS 防水卷材按卷材表面覆盖材料可分为（　　）。
A. 聚乙烯膜（PE）　　　　　B. 细砂（S）
C. 矿物粒（片）料（M）　　 D. 石料（G）
8. 灌浆材料一般可分为（　　）。
A. 物理浆材　　　　　　　　B. 水泥浆材
C. 化学浆材　　　　　　　　D. 有机浆材
9. 有机高分子化学灌浆材料通常按其用途可分为（　　）。
A. 防渗型　　　　　　　　　B. 补强型
C. 防潮型　　　　　　　　　D. 防渗补强型
10. 建筑涂料由（　　）组成。
A. 主要成膜物质　　　　　　B. 次要成膜物质
C. 稀释剂　　　　　　　　　D. 助剂

五、名词解释

1. 建筑功能材料
2. 绝热材料

3. 温度稳定性

4. 防水材料

5. 防水涂料

6. 吸声系数

7. 灌浆

8. 装饰材料

9. 质感

10. 天然石材

六、问答题

1. 某绝热材料受潮后，其绝热性能明显下降。请分析原因。
2. 广东某高档高层建筑需建玻璃幕墙，有吸热玻璃及热反射玻璃两种材料可选用。请选用并简述理由。
3. 请分析用于室外和室内的建筑装饰材料主要功能的差异。
4. 某市有关部门在全市抽查了 6 座新建的高档写字楼，这些外表富丽豪华、内部装修典雅的写字楼甲醛超标率达 42%。请分析产生此现象的原因。
5. 某装修公司要承包一间歌舞厅的内外装修，采用塑料地板合适吗？
6. 吸声材料与绝热材料的气孔特征有何差别？
7. 选用绝热材料应满足的基本要求是什么？
8. 防水材料应具备哪些性能？
9. 为了满足防水工程的要求，防水卷材必须具备哪些性能？
10. 合成高分子防水卷材有哪些优点？

第十章 参 考 答 案

一、判断题

1. ×	2. √	3. √	4. √	5. ×
6. ×	7. √	8. ×	9. √	10. √
11. ×	12. ×	13. √	14. ×	15. ×
16. √	17. √	18. √	19. ×	20. ×
21. ×	22. √	23. ×	24. √	25. ×

二、填空题

1. 绝热材料
2. 保温、隔热
3. 传导、对流、辐射
4. $<0.23 W/(m \cdot K)$
5. 物质构成、微观结构、孔隙构造、温度、湿度、热流方向
6. 增大
7. 温度稳定性

8. 抗压、抗折
9. 岩石、矿渣
10. 防潮、防渗（漏）
11. 防水卷材、防水涂料、防水密封材料
12. 柔性、刚性
13. 沥青、高聚物改性沥青、合成高分子
14. 有胎、无胎
15. 不透水、抗变形、自愈
16. 防水涂料
17. 多孔性
18. 水泥、化学；组成成分、温度、时间
19. 光泽，光泽度
20. 形状、尺寸

三、单选题

1. B 2. B 3. B 4. A 5. C
6. D 7. A 8. B 9. C 10. A
11. C 12. B 13. A 14. B 15. B

四、多选题

1. ACD 2. AC 3. BC 4. ABC 5. AC
6. BC 7. ABC 8. BC 9. ABD 10. ABCD

五、名词解释

1. 建筑功能材料：为满足人们对建筑物的各种要求，在建筑结构中使用的可以实现某一方面特定功能的材料被称为建筑功能材料。

2. 绝热材料：凡是对热传导具有显著阻抗作用的材料称为绝热材料。

3. 温度稳定性：材料在受热作用下保持原有性能不变的能力，称为绝热材料的温度稳定性。

4. 防水材料：防水材料是指能防止雨水、地下水及其他水渗入建筑物或构筑物的一类功能性材料。

5. 防水涂料：保护建筑物构件不被水渗透或湿润，能形成具有抗渗性涂层的涂料，称为防水涂料。

6. 吸声系数：当声波入射到建筑构件（如墙、顶棚）表面时，声能的一部分被反射，另一部分穿透材料，还有一部分由于构件的振动或声音在其内部传播时介质的摩擦或热传导而被吸收。被吸收的声能 E（包括部分穿透材料的声能在内）与传递给材料的全部声能 E_0 之比称为吸声系数 α，是评定材料吸声性能好坏的主要指标。

7. 灌浆：是把适当的可以凝结的浆液灌入裂隙含水岩层、混凝土或松散土层中，从而降低被灌体的渗透性并提高其强度，延长其使用寿命的的方法，又称注浆。

8. 装饰材料：在建筑上，把铺设、粘贴或涂刷在建筑内外表面，主要起装饰美化作用的材料，称为装饰材料。

9. 质感：是材料的表面组织结构、花纹图案、颜色、光泽和透明性等给人的一种综合感觉。

10. 天然石材：是指采自天然岩体经加工而成的块状或板状材料的总称。建筑装饰所

用的石材主要是大理石和花岗石两大类。

六、问答题

1. 当绝热材料受潮后，材料的孔中有水分。除孔隙中剩余的空气分子传热、对流及部分孔壁的辐射作用外，孔隙中的蒸汽扩散和分子的热传导起了主要作用，因水的导热能力远大于孔隙中空气的导热能力。故材料的绝热性能下降。

2. 高档高层建筑一般设空调。广东气温较高，尤其是夏天炎热，热反射玻璃主要靠反射太阳能达到隔热目的。而吸热玻璃对太阳能的吸收系数大于反射系数，气温较高的地区使用热反射玻璃更有利于减轻冷负荷、节能。

3. （1）装饰性方面。室内主要是近距离观赏，多数情况下要求色泽淡雅、条纹纤细、表面光平（大面积墙体除外）；室外主要是远距离观赏，尤其对高层建筑，常要求材料表面粗糙、线条粗（板缝宽）、块形大、质感丰富。

（2）保护建筑物功能方面。室内除地面、浴厕、卫生间、厨房要求防水防渗漏外，大多数属于一般保护作用；室外则不同，饰面材料应具有防水、抗渗、抗冻、抗老化、保色性强、抗大气作用等功能，从而保护墙体。

（3）其他功能方面。室内根据房间功能不同，对装饰材料还常要求具有保温、隔热，或吸声、隔声、透气、采光、易擦洗、抗污染、抗撞击、地面耐磨、防滑、有弹性等功能；而外墙则要求隔声、隔热、保温、防火等功能。

4. 室内空气中甲醛主要来源是用于室内装饰及家具中的胶合板、细木板、中密度纤维板和刨花板等人造板。目前生产人造板使用的胶粘剂是以甲醛为主要成分的脲醛树脂，板材中残留的、未参与反应的甲醛逐渐向周围环境释放，形成室内甲醛的主体。当然，部分涂料、贴墙纸等亦会有甲醛污染的问题。对人造板的环保问题应予以足够的重视。

5. 不妥。歌舞厅是公共娱乐场所，进行室内装修时选用装饰材料除了要达到高雅的装饰效果外，必须注意消防安全，所以须选用有阻燃效果的装饰材料。

6. 吸声材料与绝热材料都是属于具有多孔结构的材料，但对材料的孔隙特征上有着完全不同的要求。绝热材料要具有封闭的不连通的气孔，这种气孔越多，其绝热性能越好；而吸声材料恰恰相反，要求具有开放的、互相连通的气孔，这种孔隙越多，其吸声性能越好。

7. 选用绝热材料应满足的基本要求是：导热系数不宜大于 0.23W/(m·K)，表观密度不宜大于 600kg/m³，抗压强度大于 0.3MPa。在选用绝热材料时，应结合建筑物的用途、围护结构的构造、施工难易、材料来源及经济性等因素综合考虑。对于一些特殊建筑物，还必须考虑绝热材料的使用温度条件、不燃性、化学稳定性及耐久性等。

8. 防水材料应具备：①耐候性；②抗渗性；③整体性；④强度；⑤耐腐蚀性等。

9. 为了满足防水工程的要求，防水卷材必须具备以下性能：

（1）耐水性：即在水的作用和被水浸润后其性能基本不变，在水的压力下具有不透水性。

（2）温度稳定性：即在高温下不流淌、不起泡、不滑动，低温下不脆裂的性能，亦可理解为是在一定温度变化条件下保持原有性能的能力。

（3）机械强度、延伸性和抗断裂性：即在承受建筑结构允许范围内荷载和变形条件下不断裂的性能。

（4）柔韧性：在低温下保持柔韧的性能。对于防水材料特别要求具有低温柔性，保证易于施工、不脆裂。

（5）大气稳定性：即在阳光、热、氧气及其他化学侵蚀介质、微生物侵蚀介质等因素的长期综合作用下抵抗老化、侵蚀的性能。

10．合成高分子防水卷材耐热性和低温柔韧性好，拉伸强度、抗撕裂强度高、断裂伸长率大，耐老化、耐腐蚀、耐候性好，适应冷施工，属中高档防水卷材。

《建筑材料》模拟试题一

本试题一共5道大题，满分100分。考试时间100分钟。

一、单选题（本大题共20小题，每小题1分，共20分）

1. 一般情况下，材料的密度（ρ）、体积密度（ρ_0）、堆积密度（ρ_0'）之间的关系是（　　）。
   A. $\rho > \rho_0' > \rho$
   B. $\rho_0 > \rho > \rho_0'$
   C. $\rho > \rho_0 > \rho_0'$
   D. $\rho_0 > \rho_0' > \rho$

2. 根据脱氧程度的不同，下列钢材中质量最差的是（　　）。
   A. 沸腾钢
   B. 半镇静钢
   C. 镇静钢
   D. 特殊镇静钢

3. 石灰熟化过程中的陈伏是为了（　　）。
   A. 有利于硬化
   B. 蒸发多余水分
   C. 消除过火石灰的危害
   D. 消除欠火石灰的危害

4. 钢结构设计时，碳素结构钢以（　　）作为设计计算取值的依据。
   A. σ_p
   B. σ_s
   C. σ_b
   D. E

5. 大体积混凝土工程应选用（　　）。
   A. 硅酸盐水泥
   B. 高铝水泥
   C. 普通硅酸盐水泥
   D. 矿渣水泥

6. 憎水性材料的润湿角为（　　）。
   A. $\theta = 0°$
   B. $\theta = 90°$
   C. $45° < \theta < 90°$
   D. $\theta > 90°$

7. 用沸煮法检验水泥体积安定性，只能检查出（　　）的影响。
   A. 游离氧化镁
   B. 游离氧化钙
   C. 石膏
   D. 前面三种都可以

8. 下列属于活性混合材料的是（　　）。
   A. 粒化高炉矿渣
   B. 慢冷矿渣
   C. 磨细石英砂
   D. 石灰石粉

9. 为硅酸盐水泥熟料提供二氧化硅成分的原料是（　　）。
   A. 石灰石
   B. 大理石
   C. 铁矿石
   D. 黏土

10. 建筑石膏的主要成分是（　　）。

A. $CaSO_4 \cdot 2H_2O$ B. $CaSO_4 \cdot \frac{1}{2}H_2O$

C. $CaSO_4$ D. $Ca(OH)_2$

11. 当混凝土拌和物流动性偏大时，应采取（ ）的办法来调整。

A. 增加用水量   B. 增加骨料用量

C. 保持水灰比不变，增加水泥浆用量   D. 保持砂率不变，增加砂石用量

12. 沥青的黏性用针入度值表示，其针入度值愈大时（ ）。

A. 黏性愈小；塑性愈大；牌号增大   B. 黏性愈大；塑性愈差；牌号减小

C. 黏性不变；塑性不变；牌号不变   D. 黏性愈小；塑性愈差；牌号增大

13. 普通混凝土棱柱体抗压强度 f_c 与立方体抗压强度 f_{cu} 两者数值之间的关系是（ ）。

A. $f_c = f_{cu}$ B. $f_c \approx f_{cu}$

C. $f_c > f_{cu}$ D. $f_c < f_{cu}$

14. 油分、树脂及沥青质是石油沥青的三大组分，这三种组分长期在空气中是（ ）的。

A. 固定不变   B. 慢慢挥发

C. 逐渐递变   D. 与日俱增

15. 沥青的牌号是依据（ ）来确定的。

A. 针入度   B. 强度

C. 软化点   D. 耐热度

16. 用于不吸水基层的砌筑砂浆强度主要取决于（ ）。

A. 水灰比和水泥强度   B. 水灰比和水泥用量

C. 用水量和水泥强度   D. 水泥用量和水泥强度

17. 烧结普通砖的标准尺寸为（ ）。

A. 240mm×120mm×60mm   B. 240mm×115mm×60mm

C. 240mm×115mm×53mm   D. 240mm×120mm×53mm

18. 钢材抵抗冲击荷载的能力称为（ ）。

A. 塑性   B. 冲击韧性

C. 弹性   D. 硬度

19. 马歇尔稳定度（MS）是在标准试验条件下，试件破坏时的（ ）。

A. 最大应力（kN/mm^2）   B. 最大变形（mm）

C. 单位变形的荷载（kN/mm）   D. 最大荷载（kN）

20. 维勃稠度法测定干拌混凝土拌和物流动性时，其值越大表示混凝土的（ ）。

A. 流动性越大   B. 流动性越小

C. 黏聚性越好   D. 保水性越差

二、判断题（本大题共 15 小题，每小题 1 分，共 15 分）

1. 任何水泥在凝结硬化过程中都会发生体积收缩。   （   ）

2. 随着含碳量的提高，碳素钢的抗拉强度逐渐提高。（   ）
3. 按照规定，硅酸盐水泥的初凝时间不早于 45min。（   ）
4. 材料的导热系数越大，表示其绝热性能越好。（   ）
5. 细度模数越大，表示砂越粗。（   ）
6. 蒸压加气混凝土砌块具有轻质、保温隔热及抗冻性好等优点。（   ）
7. 混凝土的流动性都可以用坍落度实验测定，并以坍落度表示。（   ）
8. 钢材冷弯试验时采用的弯曲角愈大，弯心直径对试件厚度（或直径）的比值愈小，表示对冷弯性能要求就愈高。（   ）
9. 施工中，当采用一种沥青不能满足配制沥青胶所要求的软化点时，可随意采用石油沥青与煤沥青来掺配。（   ）
10. 某材料的软化系数为 0.8，可用于建筑物的基础。（   ）
11. 低合金高强度结构钢均为镇静钢。（   ）
12. 粗骨料的压碎指标值越大，则其强度越高。（   ）
13. 屈强比越小，钢材在受力超过屈服点时的可靠性越大，结构越安全。（   ）
14. 生石灰加水水化后可立即用于配制砌筑砂浆用于砌墙。（   ）
15. 材料在长期使用过程中抵抗各种介质的侵蚀而不破坏的性质称为耐久性。（   ）

三、名词解释（本大题共 5 小题，每小题 3 分，共 15 分）

1. 亲水性材料
2. 硅酸盐水泥
3. $f_{cu,k}$
4. 碱集料反应
5. Q275-AF

四、问答题（本大题共 5 小题，共 35 分）

1. 某大体积混凝土工程，浇筑两周后拆模，发现挡墙有多道贯穿型的纵向裂缝。该工程使用某立窑水泥厂生产 42.5 Ⅱ 型硅酸盐水泥，其熟料矿物组成如下：C_3S：61%、C_2S：14%、C_3A：14%、C_4AF：11%。试分析产生裂缝的原因。（3 分）
2. 气硬性胶凝材料与水硬性胶凝材料有何异同？（5 分）
3. 低碳钢受拉破坏经历了哪几个阶段？各阶段有何重要指标？（10 分）
4. 影响混凝土强度的因素有哪些？提高混凝土强度的主要措施有哪些？（12 分）
5. 为何要限制烧结黏土砖，发展新型墙体材料？（5 分）

五、计算题（本大题共 2 小题，共 15 分）

1. 一实验室对砂浆作抗压试验，所测得 28d 的六个立方体试件破坏荷载分别为：70.1kN、65.5kN、31.3kN、67.3kN、66.9kN、68.5kN，试件的承压面积分别对应为：70.5mm×70.8mm、70.8mm×70.4mm、70.3mm×70.7mm、70.8mm×69.9mm、70.7mm×70.8mm、70.9mm×70.8mm，计算确定该砂浆的强度等级。（7 分）

2. 已知某混凝土的水灰比为 0.5，单位用水量为 180kg，砂率为 33%，混凝土拌和料成型后实测其体积密度为 2400kg/m³，强度与和易性均满足要求，若此工地用砂含水率为 4%，石子含水率为 2%，试求在施工现场拌制 1m³ 混凝土所需的各种材料用量。（8分）

试题一　参考答案及评分标准

一、单选题（本大题共 20 小题，每小题 1 分，共 20 分）

1. C	2. A	3. C	4. B	5. D
6. D	7. B	8. A	9. D	10. B
11. D	12. A	13. D	14. C	15. A
16. A	17. C	18. B	19. D	20. B

二、判断题（本大题共 15 小题，每小题 1 分，共 15 分）

1. ×	2. √	3. √	4. √	5. √
6. √	7. ×	8. √	9. √	10. ×
11. √	12. ×	13. √	14. ×	15. √

三、名词解释（本大题共 5 小题，每小题 3 分，共 15 分）

1. 亲水性材料：当水与材料接触时，在材料、水和空气三相交点处，沿水表面的切线与水和固体接触面所成的夹角称为湿润角。（1分）当该角不大于 90°时水分子之间的黏聚力小于水分子与材料分子之间的相互吸引力，这种性质称为材料的亲水性。（1分）具有这种性质的材料称为亲水性材料。（1分）（画出简图也可得分）

2. 硅酸盐水泥：凡是由硅酸盐水泥熟料、0~5%石灰石或粒化高炉矿渣、适量石膏磨细制成的水硬性无机胶凝材料，称为硅酸盐水泥。（1分）不掺加混合材料的称为 I 型，代号 P·I；（1分）掺加不超过水泥质量 5%的石灰石或粒化高炉矿渣的称为 II 型，代号 P·II。（1分）

3. $f_{cu,k}$：是指混凝土立方体抗压强度标准值；（1分）即按标准方法制作和养护的边长为 150mm 的立方体试件，在 28d 龄期，（1分）用标准方法测得强度总体分布中，具有 95%保证率的抗压强度值。（1分）

4. 碱集料反应：水泥混凝土中水泥的碱与某些碱活性集料发生化学反应，（1分）生成碱—硅酸凝胶，不断吸水膨胀，（1分）可引起混凝土产生膨胀、开裂甚至破坏，这种化学反应称为碱集料反应。（1分）

5. Q275-AF：指屈服强度为 275MPa（1分），质量等级 A（1分），沸腾钢（1分）的碳素结构钢。

四、问答题（本大题共 5 小题，共 35 分）

1. （共 3 分）

由于该工程所使用的水泥熟料矿物中 C_3A 和 C_3S 含量高（1分），C_3A 和 C_3S 在水化时会放出大量的热量，导致该水泥的水化热高（1分），且大体积混凝土的整体温度高，随后混凝土温度随环境温度下降，混凝土产生冷缩，造成贯穿型的纵向裂缝。（1分）

2. （共5分）

相同点：都属于无机胶凝材料，在使用过程中起到胶凝作用。（1分）

不同点：一是硬化条件不同。气硬性胶凝材料只能在空气中凝结硬化，在水中不能硬化；而水硬性胶凝材料既能在空气中凝结硬化，而且能更好地在水中硬化和发展其强度。（2分）

二是适用环境不同。气硬性胶凝材料适用于干燥环境，不能用于潮湿环境，更不能用于水中；而水硬性胶凝材料不仅能用于空气中，而且能更好地用于水中。（2分）

3. （共10分）

低碳钢受拉直至破坏，经历了以下四个阶段：

(1) 弹性阶段。该阶段的重要指标有两个，一是弹性极限 σ_p；二是弹性模量 E。（3分）

(2) 屈服阶段。该阶段的重要指标为屈服点 σ_s，在结构计算时以此值作为依据。（2分）

(3) 强化阶段。该阶段的重要指标为抗拉强度 σ_b。（2分）

(4) 颈缩阶段。伸长率和断面收缩率是该阶段的两个重要指标，它们都是反映钢材塑性好坏的指标。（3分）

4. （共12分）

影响混凝土强度的主要因素有：

(1) 水泥强度等级与水灰比。（2分）

(2) 粗细骨料的影响，如颗粒形状与表面特征等。（1分）

(3) 养护条件的影响。（1分）

(4) 养护时间，即龄期。（1分）

(5) 测试条件的影响。（1分）

提高混凝土强度的主要措施有：（每条1分）

(1) 采用高强度等级水泥或早强型水泥。

(2) 采用低水灰比的干硬性混凝土。

(3) 采用湿热处理养护混凝土。

(4) 采用机械搅拌和振捣。

(5) 掺入混凝土外加剂、掺合料等。

(6) 采用优质砂石骨料，选择合理砂率。

5. （共5分）

(1) 烧结普通黏土砖主要原材料为黏土，因此会耗用农田，生产能耗大；且生产过程中氟、硫等有害气体逸放，污染环境；其性能亦存在如保温隔热性能较差、自重大等缺点。（3分）

(2) 发展新型墙体材料有利于工业废弃物的综合利用，亦可发挥其轻质、保温隔热好

等相对更为优越的性能。(2分)

五、计算题（本大题共2小题，共15分）

1. 答案：（共7分）

$$f_1=\frac{70.1\times 10^3}{70.5\times 70.8\times 10^{-6}}=14.2(\text{MPa}) \qquad f_2=\frac{65.5\times 10^3}{70.4\times 70.8\times 10^{-6}}=13.1(\text{MPa})$$

$$f_3=\frac{31.3\times 10^3}{70.7\times 70.3\times 10^{-6}}=6.3(\text{MPa}) \qquad f_4=\frac{67.3\times 10^3}{69.9\times 70.8\times 10^{-6}}=13.6(\text{MPa})$$

$$f_5=\frac{66.9\times 10^3}{70.7\times 70.8\times 10^{-6}}=13.3(\text{MPa}) \qquad f_6=\frac{68.5\times 10^3}{70.9\times 70.8\times 10^{-6}}=13.6(\text{MPa})$$

（每个0.5分，合计3分）

$$\bar{f}=\frac{14.2+13.1+6.3+13.6+13.3+13.6}{6}=12.4(\text{MPa}) \qquad (1分)$$

因为 $\qquad \dfrac{\bar{f}-f_3}{\bar{f}}=\dfrac{12.4-6.3}{12.4}=49\%>20\%$ （2分）

则舍去最大值和最小值，其抗压强度为：

$$f=\frac{13.1+13.6+13.3+13.6}{4}=13.4(\text{MPa}) \qquad (1分)$$

所以，该砂浆的强度等级为M10。 （1分）

2. 答案：（共8分）

已知 $W/C=0.5$，$W=180\text{kg}$，$S_P=33\%$，实测混凝土拌和物 $\rho_{o实}=2400\text{kg/m}^3$

(1) 求 C：

$$W/C=180/C=0.5 \quad 得 C=360\text{kg} \qquad (1分)$$

(2) 求 S 和 G：

按质量法有： $\qquad C+W+S+G=2400 \qquad$ (a) （1分）

根据砂率有： $\qquad \dfrac{S}{S+G}=S_P \qquad$ (b) （1分）

将式（a）与式（b）式联立得：$S=614\text{kg}$；$G=1246\text{kg}$ （2分）

即各种材料的初步配合比的质量为

$$C=360\text{kg} \quad W=180\text{kg} \quad S=614\text{kg} \quad G=1246\text{kg}$$

又知此工地用砂含水率为4%，石子含水率为2%

则 $\qquad S'=614\times(1+4\%)=638.56(\text{kg})$ （1分）

$$G'=1246\times(1+2\%)=1270.92(\text{kg}) \qquad (1分)$$

$$W'=180-614\times 4\%-1246\times 2\%=130.52(\text{kg}) \qquad (1分)$$

$$C'=360\text{kg}$$

《建筑材料》模拟试题二

本试题一共 8 道大题，满分 100 分。考试时间 100 分钟。

一、判断题（本大题共 20 小题，每小题 1 分，共 20 分）

1. 砂的细度模数值越大，则砂的颗粒越粗。（ ）
2. 我国水工混凝土工程多按干燥状态的砂、石来设计混凝土配合比。（ ）
3. 针入度是表示黏稠石油沥青黏度的指标。（ ）
4. 沥青耐热性指沥青在高温下不软化、不流淌的性能，可用软化点表示。（ ）
5. 沥青材料的塑性是指在外力作用下，产生变形而不破坏，除去外力后，仍能保持变形后形状的性质，可用延度表示。（ ）
6. 沥青的延度越大，说明塑性越好。（ ）
7. 冷底子油是将汽油、煤油、柴油、工业苯、煤焦油等有机溶剂与沥青融合制得的一种液体沥青。（ ）
8. 材料在持久荷载作用下，若所产生的变形因受约束而不能增长时，则其应力将随时间延长而逐渐减少，这一现象称为徐变。（ ）
9. 固体材料在持久荷载作用下，变形随时间的延长而逐渐增长的现象，称为应力松弛。（ ）
10. 水泥的细度越细越好。（ ）
11. C_2S 的水化速率较慢，水化热较 C_3S 放出的少，且主要在水泥水化的后期放出。（ ）
12. 石灰生产煅烧时，如温度太低或温度分布不均匀，$CaCO_3$ 不能完全分解，则产生过火石灰。（ ）
13. 石灰生产煅烧时，若温度太高，则产生欠火石灰。（ ）
14. 为了消除过火石灰的危害，石灰膏应在储灰坑中存放两个星期以上，称为"陈伏"。（ ）
15. 工程中所指的材料耐久性，就是指材料在所处环境条件下，保持其原有性能，抵抗所受破坏作用的能力。（ ）
16. 建筑钢材分为钢结构用钢材和钢筋混凝土用钢筋。（ ）
17. 建筑工程中，将钢筋进行冷拉后，使钢筋的屈服强度高，达到节约钢材的目的。（ ）
18. 硅酸盐水泥可以用于大体积混凝土工程中。（ ）
19. 热固性聚合物随温度变化可以反复进行加工。（ ）
20. 木材的长期承载能力远远高于短期承载能力。（ ）

二、填空题（本大题共 10 小题，每空 0.5 分，共 10 分）

1. 多孔材料的各种性质，除与材料孔隙率的大小有关外，还与孔隙的_____有关。

2. 随着孔隙率的增大，材料表观密度_____，强度下降。

3. C_3S 的水化速率较_____，水化热较_____，且主要在水泥水化早期放出。

4. 胶凝材料分为_____胶凝材料和_____胶凝材料两类。

5. 水泥凝结时间的测定，是以_____的水泥净浆，在规定的温度和湿度下，用凝结时间测定仪来测定的。

6. 材料在荷载作用下，若所产生的变形因受约束而不能发展时，则其应力将随时间延长而逐渐_____，这一现象称为应力松弛。

7. 钢材的冷加工工艺是常温下钢材的_____、_____、_____等工艺的总称。

8. 大体积建筑物的内部混凝土，有普通硅酸盐水泥、矿渣硅酸盐水泥、粉煤灰硅酸盐水泥和快硬硅酸盐水泥可供选择，宜选用_____硅酸盐水泥和_____硅酸盐水泥等。

9. 合成高分子材料与常用建筑材料（钢、水泥、砖、木材等）相比较，具有密度_____，比强度_____，耐化学侵蚀性_____等特点。

10. 新拌砂浆的和易性，包括砂浆的_____和_____两方面；分别用_____、_____试验来测试。

三、单选题（本大题共 20 小题，每小题 1 分，共 20 分）

1. 堆积密度是指（　　）材料在自然堆积状态下，单位体积的质量。
   A. 块体　　　　　　　　　　　B. 散粒状
   C. 固体　　　　　　　　　　　D. 液体

2. 石灰浆体硬化后生成的主要产物是（　　）。
   A. $Ca(OH)_2$ 晶体　　　　　　B. $Ca(OH)_2$ 晶体与 $CaCO_3$ 晶体
   C. $CaCO_3$ 晶体　　　　　　　D. CaO

3. 在硅酸盐水泥中掺入适量的石膏，其目的是对水泥起（　　）作用。
   A. 促凝　　　　　　　　　　　B. 调节凝结时间
   C. 提高产量　　　　　　　　　D. 以上均是

4. 测定混凝土立方体抗压强度时，混凝土标准试件的尺寸是（　　）。
   A. 100mm×100mm×100mm　　　　B. 40mm×40mm×160mm
   C. 200mm×200mm×200mm　　　　D. 150mm×150mm×150mm

5. 试拌混凝土时，当流动性偏低时，可采用提高（　　）的办法调整。
   A. 加水量　　　　　　　　　　B. 水泥用量
   C. 水泥浆量（W/C 保持不变）　D. 以上均是

6. 下列哪种措施会降低混凝土的抗渗性？（　　）
   A. 增加水灰比　　　　　　　　　B. 提高水泥强度
   C. 掺入减水剂　　　　　　　　　D. 掺入优质粉煤灰

7. 两种砂子的细度模数相同时，则它们的级配（　　）。
   A. 一定相同　　　　　　　　　　B. 一定不同
   C. 不一定相同　　　　　　　　　D. 以上均是

8. 泵送混凝土中，宜加入（　　）。
   A. 早强剂　　　　　　　　　　　B. 减水剂
   C. 速凝剂　　　　　　　　　　　D. 缓凝剂

9. 对高温车间工程施工，最好选用（　　）硅酸盐水泥。
   A. 普通　　　　　　　　　　　　B. 火山灰
   C. 矿渣　　　　　　　　　　　　D. 复合

10. 混凝土的水灰比值在一定范围内越小，则其强度（　　）。
    A. 越低　　　　　　　　　　　　B. 越高
    C. 不变　　　　　　　　　　　　D. 不一定

11. 大体积混凝土施工，当只有硅酸盐水泥供应时，为降低水泥水化热，可采取（　　）。
    A. 将水泥进一步磨细　　　　　　B. 掺入一定量的活性混合材料
    C. 增加拌和用水量　　　　　　　D. 掺早强剂

12. （　　）孔隙，不易被水分及溶液侵入，对材料的抗渗、抗冻及抗侵蚀性能的影响较小，有时还可起有益的作用。
    A. 闭口　　　　　　　　　　　　B. 开口
    C. 贯通　　　　　　　　　　　　D. 空隙

13. 石油沥青牌号划分的依据主要是（　　）。
    A. 针入度　　　　　　　　　　　B. 软化点
    C. 延伸度　　　　　　　　　　　D. 沉入度

14. 钢的强度和硬度随时间延长而逐渐增大，塑性和韧性逐渐减少的现象称为（　　）。
    A. 回火　　　　　　　　　　　　B. 正火
    C. 调质处理　　　　　　　　　　D. 时效强化

15. 对于一般建筑工程钢结构，主要选用的碳素结构钢包括（　　）。
    A. CRB550 和 CRB650　　　　　　B. HRB335 和 HRB400
    C. Q235—A 和 Q235—B　　　　　D. 以上均是

16. 冬季施工现浇钢筋混凝土工程，宜选用（　　）硅酸盐水泥。
    A. 矿渣　　　　　　　　　　　　B. 普通
    C. 粉煤灰　　　　　　　　　　　D. 复合

17. 水泥安定性即指水泥浆在硬化时（　　）的性质。
    A. 产生高密实度　　　　　　　　B. 体积变化均匀

C. 不变形　　　　　　　　　　　　D. 大变形

18. 水泥试验中需检测水泥的标准稠度用水量，其检测目的是（　　）。
   A. 使凝结时间和体积安定性的检测具有可比性
   B. 判断水泥是否合格
   C. 判断水泥的需水性大小　　　　D. 该项指标是国家标准规定的必检项目

19. 混凝土砂率是指混凝土中砂的质量占（　　）的百分率。
   A. 混凝土总质量　　　　　　　　B. 砂质量
   C. 砂石质量　　　　　　　　　　D. 水泥浆质量

20. 硅酸盐水泥石产生腐蚀的内因主要是：水泥石中存在大量（　　）结晶。
   A. C—S—H　　　　　　　　　　B. $Ca(OH)_2$
   C. CaO　　　　　　　　　　　　D. 环境水

四、多选题（本大题共 5 小题，每小题 2 分，共 10 分）

1. 普通混凝土配合比设计的基本要求是（　　）。
   A. 和易性良好　　　　　　　　　B. 强度能够达到所设计的强度等级要求
   C. 耐久性良好　　　　　　　　　D. 经济合理
   E. 耐酸碱性好

2. 影响普通混凝土拌和物和易性的主要因素有（　　）。
   A. 水泥强度等级　　　　　　　　B. 砂率
   C. 石子的强度　　　　　　　　　D. 混凝土拌和水量
   E. 水泥浆用量

3. 水泥水化硬化后，水泥石中的主要固体物质有（　　）。
   A. 石子　　　　　　　　　　　　B. 混合材料
   C. 未水化的水泥颗粒　　　　　　D. 各种水化产物
   E. 砂子

4. 水泥的必检项目包括（　　）等。
   A. 细度　　　　　　　　　　　　B. 凝结时间
   C. 体积安定性　　　　　　　　　D. 强度
   E. 标准稠度用水量

5. 塑料具有（　　）等优点。
   A. 质量轻　　　　　　　　　　　B. 比强度高
   C. 保温隔热　　　　　　　　　　D. 富有装饰性
   E. 耐久性好

五、名词解释（本大题共 4 小题，每小题 2 分，共 8 分）

1. 混凝土的和易性
2. 水泥混合材料
3. 过火石灰

4. 混凝土的徐变

六、问答题（本大题共 5 小题，共 20 分）

1. 硅酸盐水泥与水作用后，生成的主要水化产物有哪些？（5分）
2. 矿渣水泥与硅酸盐水泥及普通硅酸盐水泥相比较，为什么具有较强的抗溶出性侵蚀及抗硫酸盐侵蚀的能力？（4分）
3. 如何测定干硬混凝土拌和物的流动性？其指标是什么？（3分）
4. 说明提高普通混凝土耐久性的主要措施有哪些？（8分）

七、计算题（共 9 分）

甲、乙两种砂，各取 500g 砂样进行筛分析试验，结果如下表：

筛孔尺寸(mm)	筛余(g)		分计筛余百分率(%)		累计筛余百分率(%)	
	甲	乙	甲	乙	甲	乙
4.75	60	0				
2.36	135	15				
1.18	150	25				
0.60	60	70				
0.30	60	130				
0.15	30	255				
筛底	5	5				

试计算和分析：

（1）甲、乙两种砂的细度模数是多少？（6分）
（2）甲、乙两种砂各属于什么砂？（2分）
（3）甲、乙两种砂是否适宜单独用于配制建筑工程用混凝土？（1分）

八、案例分析（3 分）

【案例】 某海岸堤防设施的混凝土工程在使用几年后，堤防设施混凝土表面出现破损的问题越来越严重；经查堤防设施混凝土使用的水泥品种是普通硅酸盐水泥，海水中含有硫酸镁、硫酸钠及硫酸钙的量也较大。试就所提供的信息，分析引起该堤防设施混凝土表面出现破损现象的主要原因。

试题二　参考答案及评分标准

一、判断题（本大题共 20 小题，每小题 1 分，共 20 分）

1. √　　2. ×　　3. √　　4. √　　5. √

6. √	7. √	8. ×	9. ×	10. ×
11. √	12. ×	13. ×	14. √	15. √
16. √	17. √	18. ×	19. √	20. ×

二、填空题（本大题共 10 小题，每空 0.5 分，共 10 分）

（填空用词要准确；如有错别字，该空不得分）

1. 构造特征
2. 减小
3. 快，大
4. 无机，有机
5. 标准稠度
6. 减小
7. 冷拉、冷拔、冷轧
8. 矿渣，粉煤灰
9. 低，高，强
10. 流动性、保水性；沉入度、保水率

三、单选题（本大题共 20 小题，每小题 1 分，共 20 分）

1. B	2. B	3. B	4. D	5. C
6. A	7. C	8. B	9. C	10. B
11. B	12. A	13. A	14. D	15. C
16. B	17. B	18. A	19. C	20. B

四、多选题（本大题共 5 小题，每小题 2 分，共 10 分）

1. ABCD   2. BDE   3. CD   4. ABCD   5. ABCD

五、名词解释（本大题共 4 小题，每小题 2 分，共 8 分）

1. 混凝土的和易性：是指混凝土拌和物在一定的施工条件下，便于施工操作并获得质量均匀、密实混凝土的性能。（1分）和易性包括流动性、黏聚性及保水性三方面的含义。（1分）

2. 水泥混合材料：在水泥生产过程中，为节约水泥熟料，提高水泥产量和增加水泥品种，（1分）同时也为改善水泥性能，调节水泥强度等级而在水泥中掺入的矿物材料。（1分）

3. 过火石灰：煅烧石灰过程中，若温度太高，则产生过火石灰。（1分）为消除过火石灰的危害，石灰浆应在消解坑中存放两星期以上，称为"陈伏"。（1分）

4. 混凝土的徐变：混凝土在长期不变的荷载作用下，（1分）除产生瞬时的弹性变形和塑性变形外，还会产生随时间而增长的非弹性变形。这种在长期荷载作用下，随时间而增长的变形就是徐变。（1分）

六、问答题（本大题共 5 小题，共 20 分）

1. （共 5 分）

水泥的水化产物主要有：水化硅酸钙（1分）和水化铁酸钙凝胶（1分），氢氧化钙，（1分）水化铝酸钙（1分）和水化硫铝酸钙晶体（1分）等。

2. (共 4 分)

由于矿渣水泥中掺加了大量矿渣，熟料相对减少，C_3S 及 C_3A 的含量也相对减少，水化产物中 $Ca(OH)_2$ 量也相对降低。(1分) 又因水化过程中析出的 $Ca(OH)_2$ 与矿渣作用，生成较稳定的水化硅酸钙及水化铝酸钙，(1分) 这样在硬化后的水泥石中，游离 $Ca(OH)_2$ 及易受硫酸盐侵蚀的水化铝酸钙都大为减少，从而提高了抗溶出性侵蚀及硫酸盐侵蚀的能力，(1分) 故矿渣水泥适宜用于易发生溶出性侵蚀或硫酸盐侵蚀的水工建筑、海港及地下工程。(1分)

3. (共 3 分)

对于干硬性混凝土拌和物，采用维勃稠度（VB）作为和易性指标。(2分) 维勃稠度代表拌和物振实所需的能量，时间越短，表明拌和物越易被振实。(1分)

4. (共 8 分)

提高普通混凝土耐久性的主要措施有：
(1) 控制混凝土最大水灰比和最小水泥用量。(2分)
(2) 合理选择水泥品种。(1分)
(3) 选用品质良好、级配合格的骨料。(1分)
(4) 加强施工质量控制。(1分)
(5) 采用适宜的外加剂。(1分)
(6) 掺入粉煤灰、磨细矿粉、硅灰或沸石粉等活性混合材料。(2分)

七、计算题

答案：(共 9 分)

(1) 计算结果见下表。

筛孔尺寸 (mm)	筛余 (g)		分计筛余百分率 (%)		累计筛余百分率 (%)	
	甲	乙	甲	乙	甲	乙
4.75	60	0	12	0	12	0
2.36	135	15	27	3	39	3
1.18	150	25	30	5	69	8
0.60	60	70	12	14	81	22
0.30	60	145	12	29	93	51
0.15	30	240	6	48	99	99
筛底	5	5	1	1	100	100

[上表中甲、乙分计、累计筛余百分率计算正确各得1分，合计4分]

$$M_{x甲} = [(39+69+81+93+99) - 5 \times 12]/(100-12) = 3.64 \quad (1分)$$

$$M_{x乙} = [(3+8+22+51+99) - 5 \times 0]/(100-0) = 1.83 \quad (1分)$$

(2) 甲种砂属粗砂（1分）；乙种砂属细砂（1分）。

(3) 甲种砂不宜单独用于配制混凝土。（0.5分），乙种砂不宜单独用于配制混凝土。(0.5分)

八、案例分析（共3分）

【案例分析】 海水中含有硫酸镁、硫酸钠及硫酸钙等。这些盐类与水泥石中的 $Ca(OH)_2$ 起作用，生成 $CaSO_4$。（1分）$CaSO_4$ 与水泥石中的水化铝酸钙作用，生成高硫型水化硫铝酸钙，（1分）体积增大，呈针状结晶，被称为"水泥杆菌"，对水泥石的破坏作用较大，（1分）进而造成该堤防设施的混凝土表面出现破损现象。

《建筑材料》模拟试题三

本试题一共4道大题，满分100分。考试时间100分钟。

一、填空题（本大题共15小题，每空0.5分，共25分）

1. 建筑材料按化学成分不同，可分为_____、_____和_____三大类。
2. 我国建筑材料的技术标准分为_____、_____、_____和_____等四类。我国强制性国家标准的代号是_____；国际标准的代号是_____。
3. 材料的密度是指材料在_____状态下单位体积的_____。
4. 无机胶凝材料分为_____和_____无机胶凝材料两种。
5. 为了消除_____的危害，石灰浆应在储灰坑中"_____"两周以上。
6. 生产硅酸盐水泥的原料主要有_____、_____和_____三类。其生产工艺可以概括为"_____"。
7. 硅酸盐水泥熟料的主要矿物组成包括_____、_____、_____、_____。硅酸盐水泥与水作用，生成的水化产物分为_____和_____两类。
8. 水泥混合材料按其性能不同，可分为_____和_____等。
9. 混凝土的和易性包括_____、_____和_____三个方面。测试方法有_____和_____法。
10. 混凝土配合比设计的三个重要参数是_____、_____、_____。
11. 砌筑砂浆的和易性包括_____和_____。
12. 评价游离CaO过多导致水泥安定性不良的试验方法有_____和_____两种。
13. 水泥石腐蚀类型主要有_____、_____、_____、_____等。
14. 国家标准规定：硅酸盐水泥的细度用_____法表示，不小于_____ m^2/kg；其初凝时间不得早于_____ min；终凝时间不得迟于_____ min。
15. 钢材按脱氧程度分为_____、_____和_____等。

二、单选题（本题共20小题，每题1分，共20分）

1. 建筑材料可分为脆性材料和韧性材料，其中脆性材料具有的特征是（　　）。
   A. 破坏前没有明显变形　　　　　　　　B. 抗压强度是抗拉强度8倍以上
   C. 抗冲击破坏时吸收的能量大　　　　　D. 破坏前不产生任何变形
2. 一般来说，材料的孔隙率与下列性能没有关系的是（　　）。
   A. 强度　　　　　　　　　　　　　　　B. 密度

C. 导热性   D. 耐久性、抗冻性、抗渗性

3. 以下四种材料中属于憎水材料的是（   ）。
  A. 天然石材   B. 钢材
  C. 石油沥青   D. 混凝土

4. 在常见的胶凝材料中属于水硬性的胶凝材料的是（   ）。
  A. 石灰   B. 石膏
  C. 水泥   D. 水玻璃

5. （   ）浆体在凝结硬化过程中，其体积发生微小膨胀。
  A. 石灰   B. 石膏
  C. 菱苦土   D. 水泥

6. 高层建筑的基础工程混凝土宜优先选用（   ）。
  A. 硅酸盐水泥   B. 普通硅酸盐水泥
  C. 矿渣硅酸盐水泥   D. 火山灰质硅酸盐水泥

7. 采用沸煮法测得硅酸盐水泥的安定性不良的原因之一是水泥熟料中（   ）含量过多。
  A. 化合态的氧化钙   B. 游离态氧化钙
  C. 游离态氧化镁   D. 二水石膏

8. 用于寒冷地区室外使用的混凝土工程，宜采用（   ）。
  A. 普通水泥   B. 矿渣水泥
  C. 火山灰质水泥   D. 高铝水泥

9. 在干燥环境中的混凝土工程，应优先选用（   ）。
  A. 火山灰质水泥   B. 矿渣水泥
  C. 普通水泥   D. 粉煤灰水泥

10. 不宜用来生产蒸汽养护混凝土构件的水泥是（   ）。
  A. 普通水泥   B. 火山灰质水泥
  C. 矿渣水泥   D. 粉煤灰水泥

11. 在受工业废水或海水等腐蚀环境中使用的混凝土工程，不宜采用（   ）。
  A. 普通水泥   B. 矿渣水泥
  C. 火山灰质水泥   D. 粉煤灰水泥

12. 某工程用普通水泥配制的混凝土产生裂纹，试分析下述原因中哪项不正确（   ）。
  A. 混凝土水化后体积膨胀而开裂   B. 因干缩变形而开裂
  C. 因水化热导致内外温差过大而开裂   D. 水泥体积安定性不良

13. 配制混凝土用砂、石应尽量使（   ）。
  A. 总表面积大些、总空隙率小些   B. 总表面积大些、总空隙率大些
  C. 总表面积小些、总空隙率小些   D. 总表面积小些、总空隙率大些

14. 压碎指标是表示（   ）强度的指标。
  A. 普通混凝土   B. 石子
  C. 轻骨料混凝土   D. 轻骨料

15. 石子级配中，（　　）级配的空隙率最小。
   A. 连续　　　　　　　　　　　　　B. 间断
   C. 单粒级　　　　　　　　　　　　D. 没有一种
16. 在混凝土配合比设计中，选用合理砂率的主要目的是（　　）。
   A. 提高混凝土的强度　　　　　　　B. 改善拌和物的和易性
   C. 节省水泥　　　　　　　　　　　D. 节省粗骨料
17. 坍落度是表示塑性混凝土（　　）的指标。
   A. 和易性　　　　　　　　　　　　B. 流动性
   C. 粘聚性　　　　　　　　　　　　D. 保水性
18. 在浇筑板、梁和大型及中型截面的柱子时，混凝土拌和物的坍落度宜选用（　　）。
   A. 10～30　　　　　　　　　　　　B. 30～50
   C. 50～70　　　　　　　　　　　　D. 70～90
19. 在原材料一定的情况下，影响混凝土强度决定性的因素是（　　）。
   A. 水泥强度　　　　　　　　　　　B. 水泥用量
   C. 水灰比　　　　　　　　　　　　D. 骨料种类
20. 普通混凝土的立方体抗压强度 f_{cu} 与轴心抗压强度 f_{cp} 之间的关系是（　　）。
   A. $f_{cp} > f_{cu}$　　　　　　　　　　B. $f_{cp} < f_{cu}$
   C. $f_{cp} = f_{cu}$　　　　　　　　　　D. 不一定

三、问答题（本大题共 4 小题，共 32 分）

1. 简述影响硅酸盐水泥凝结硬化的主要因素。（7分）
2. 简述硅酸盐水泥的特点和应用。（14分）
3. 简述影响混凝土强度的主要因素。（6分）
4. 简述影响木材强度的主要因素。（5分）

四、计算题（第 1 题 10 分，第二题 13 分；共 23 分）

1. 从工地取回烘干砂样 500g 做筛分析试验，筛分结果如下表所示。

筛孔尺寸（mm）	4.75	2.36	1.18	0.6	0.3	0.15	<0.15
筛余质量（g）	10	20	45	100	135	155	35

计算：①分计筛余百分率；②累计筛余百分率；③细度模数；④判断该砂的粗细程度。

2. 某工程的混凝土实验室配合比为 1∶2.1∶4.2，水灰比为 0.55。已知水泥密度为 3100kg/m³；砂的表观密度为 2600kg/m³；石子的表观密度为 2650kg/m³。

计算：(1) 1m³ 混凝土中各项材料的用量（体积法，含气量按 1% 计）。

（2）若现场砂的含水率为 4%，石子含水率为 2%，试计算施工配合比。

试题三 参考答案及评分标准

一、填空题（本大题共 15 小题，每空 0.5 分，共 25 分）

（填空用词要准确；如有错别字，该空不得分）

1. 无机材料、有机材料、复合材料
2. 国家标准、行业标准、地方标准、企业标准；GB、ISO
3. 绝对密实、质量
4. 气硬性、水硬性
5. 过火石灰、"陈伏"
6. 石灰质原料、黏土质原料、校正原料；"两磨一烧"
7. 硅酸三钙（C_3S）、硅酸二钙（C_2S）、铝酸三钙（C_3A）、铁铝酸四钙（C_4AF）；凝胶体、结晶体
8. 活性混合材料、非活性混合材料
9. 流动性、黏聚性、保水性；坍落度法、维勃稠度
10. 水胶比、砂率、单位用水量
11. 流动性、保水性
12. 试饼法、雷氏法
13. 软水侵蚀、硫酸盐腐蚀、镁盐腐蚀、碳酸腐蚀
14. 比表面积、300；45min、390min（或 6h30min）
15. 镇静钢、沸腾钢、半镇静钢

二、单选题（本题共 20 小题，每题 1 分，共 20 分）

1. A	2. B	3. C	4. C	5. B
6. A	7. B	8. C	9. C	10. A
11. A	12. A	13. C	14. B	15. A
16. B	17. B	18. C	19. C	20. B

三、问答题（本大题共 4 小题，共 32 分）

1. 影响硅酸盐水泥凝结硬化的主要因素：（共 7 分，每条 1 分）

①水泥矿物成分的影响；②水泥细度的影响；③石膏掺量的影响；④养护条件的影响；⑤龄期的影响；⑥外加剂的影响；⑦储存条件的影响。

2. 述硅酸盐水泥的特点和应用：（共 14 分，每条特点和应用各 1 分）

（1）快凝、快硬、高强。适用于有早强要求的冬季施工的混凝土及重要结构物和高强混凝土。

（2）抗冻性好。适用于冬季施工及遭受反复冻融的混凝土工程。

（3）抗碳化能力强。适用于重要的钢筋混凝土结构、预应力混凝土工程及二氧化碳浓

度高的环境。

(4) 耐磨性好。适用于道路、地面等对耐磨性要求高的工程。

(5) 水化热大。不适合于大体积混凝土工程。

(6) 抗腐蚀性差。不适合于受软水、海水、硫酸盐等侵蚀性介质腐蚀的工程。

(7) 耐热性差。不适合于耐热混凝土工程。

3. 简述影响混凝土强度的主要因素。(共 6 分，答出要点即可得分)

(1) 水泥强度等级 (1 分) 和水灰比。(1 分)

(2) 粗骨料的颗粒形状和表面特征。(1 分)

(3) 养护条件。(1 分)

(4) 龄期。(1 分)

(5) 试验条件。(1 分)

4. 简述影响木材强度的主要因素有哪些？(5 分，前 3 条各 1 分，第 4 条 2 分)

①含水率；②负荷时间的影响；③环境温度的影响；④木材的缺陷，如节子、腐朽、裂纹等。

四、计算题（本大题共 2 小题，共 23 分）

1. 答案：(共 10 分)

(1) 根据 $a_i = m_i/500 \times 100\%$；算出 $a_1 \sim a_6$ 分别为 2%、4%、9%、20%、27%、31%；(每个 0.5 分，共 3 分)

(2) 根据 $A_i = a_1 + a_2 + \cdots + a_i$；算出 $A_1 \cdots A_6$ 分别为 2%、6%、15%、35%、63%、93%；(每个 0.5 分，共 3 分)

(3) 细度模数 $=(A_2+A_3+A_4+A_5+A_6-5A_1)/(100-A_1)=2.05$

(公式对得 1 分，结果对得 1 分)

(4) 判断属于细砂。(2 分)

2. 答案：(共 13 分)

(1) 将有关数据带入公式中：$C/\rho_c + W/\rho_w + S/\rho'_s + G/\rho'_g + 1\alpha = 1m^3$

则有：$C/3100 + 0.55C/1000 + 2.1C/2600 + 4.2C/2650 + 1 \times 1\% = 1$

计算得 $C=303$；则 $S=636$；$G=1273$；$W=167kg$

(公式对得 1 分，C' 计算正确得 1 分；S'、G'、W' 算对各得 1 分)

(2) $C = C' = 303$ (0.5 分)

$S = S'(1+W_s) = 636 \times (1+4\%) = 661kg$ (公式对得 1 分,结果算对得 1 分)

$G = G'(1+W_g) = 1273 \times (1+2\%) = 1298kg$ (公式对得 1 分,结果算对得 1 分)

$W = W' - S' \times W_s - G' \times W_g = 167 - 636 \times 4\% - 1273 \times 2\%$

$= 127kg$ (公式对得 1 分,结果算对得 1 分)

即施工配合比可表示为 $1:2.18:4.28$ (1 分)，$W/C=0.42$ (0.5 分)。

《建筑材料》模拟试题四

本试题一共 4 道大题，满分 100 分。考试时间 100 分钟。

一、判断题（本大题共 10 个小题，每题 0.5 分，共 5 分）

1. 材料的孔隙率越大，则其强度越低。（   ）
2. 材料的软化系数越大，则表示其耐水性越好。（   ）
3. 石灰、石膏和水泥都属于水硬性无机胶凝材料。（   ）
4. 体积安定性不良的水泥可以用于工程中。（   ）
5. 硅酸盐水泥不宜用于大体积混凝土工程中。（   ）
6. 配制水泥砂浆应尽量采用高强度等级的水泥。（   ）
7. 建筑钢材主要按屈服强度来划分牌号。（   ）
8. 石油沥青的塑性用延度指标来表示。（   ）
9. 在其他条件都相同时，卵石混凝土强度高于碎石混凝土强度。（   ）
10. P、S、O、N 不是钢材中的有害元素。（   ）

二、填空题（本大题共 15 小题，其中 1~14 题每空 0.5 分，共 30 分）

1. 建筑材料根据使用功能不同，可分为_____、_____和_____三大类。
2. 二水石膏根据脱水条件的不同，可得到_____型和_____型两种不同的半水石膏；前者通常称为_____，后者称为_____。
3. 生石灰加水生成_____的过程，称为石灰的熟化。石灰的硬化分为_____和_____两个过程。
4. 骨料的含水状态分为_____、_____、_____和_____等四种。
5. 砂的颗粒级配和粗细程度用_____法测定。根据细度模数的大小，砂子的粗细程度分为_____、_____和_____三种。
6. 水泥按其性能和用途可分为_____水泥、_____水泥和_____水泥三类。
7. 生产硅酸盐水泥的原料主要有_____、_____和_____三类。水泥中掺石膏的目的是_____。
8. 国家标准规定：水泥的细度检验方法包括_____和_____两种；硅酸盐水泥初凝时间不早于_____、终凝时间不得迟于_____；硅酸盐水泥分为_____、_____、_____、_____、_____、_____等六个强度等级。
9. 水泥中常掺的活性混合材料有_____、_____和_____等。

117

10. 测试水泥强度的试块尺寸为_____ cm；测试混凝土强度的立方体标准尺寸为_____ mm；测试砂浆强度的立方体标准尺寸为_____ mm。

11. 砌筑砂浆的作用主要是粘结_____、构筑_____和传递_____。

12. 砌筑砂浆的和易性测试方法包括_____试验和_____试验。

13. 常用的混凝土外加剂主要有_____、_____、_____、_____、_____（列出5种即可）。

14. 建筑钢材按化学成分可分为_____和_____。按脱氧程度分为_____、_____、_____等。

15. $f_{cu,k}$ 是指_____（1分）。
F100 表示_____（1分）。

三、问答题（本大题共 4 个小题，共 40 分）

1. 请简述石灰的特性、应用与存放。（12分）
2. 请简述掺混合材料硅酸盐水泥的共性与个性。（11分）
3. 什么是砂的颗粒级配和粗细程度？其指标是什么？（4分）
4. 说出下列符号的名称：C25；M7.5；Q235；MU20；42.5R。（5分）
5. 何谓水泥体积安定性？引起水泥体积安定性不良的原因是什么？请说出检测水泥安定性的方法。（8分）

四、计算题（本大题共 2 个小题，共 25 分）

1. 某钢筋混凝土工程，混凝土强度设计等级为 C30，要求坍落度 30~50mm，机械搅拌和振捣。试计算该混凝土的初步配合比（用体积法）。（13分）

采用：（1）42.5级普通水泥，水泥强度富余系数为 1.16，密度为 3100kg/m³。

（2）石子为碎石，最大粒径为 40mm，表观密度为 2700kg/m³。

（3）砂为河砂，中砂，表观密度为 2650 kg/m³。

（4）已知：混凝土强度标准差为 5.0MPa；经验系数 A=0.53，B=0.20；钢筋混凝土在干燥环境条件下最大水灰比为 0.60，最小水泥用量 280kg；混凝土单位用水量取 175kg；砂率取 36%；混凝土含气率为 1%。

2. 某工程需配制用于砌筑粉煤灰砌块的 M10 等级的水泥石灰混合砂浆，稠度为 80~100mm。采用42.5级普通水泥；含水率为 2% 的中砂，干松散堆积密度为 1500kg/m³；石灰膏稠度 100mm；企业施工水平优良。试计算该砂浆的配合比。（12分）

需要的数据如下：

（1）系数 k=1.15。

（2）砂浆的特征系数 α=3.03，β=−15.09；水泥强度富裕系数取 1.13。

（3）石灰膏不同稠度时的换算系数。见下表。

石灰膏稠度（mm）	120	110	100	90	80	70	60
换算系数	1.00	0.99	0.97	0.95	0.93	0.92	0.90

(4) 混合砂浆用水量选用值 210~310kg。
(5) 1m³ 砂浆中水泥和掺和料的总量，取 350kg。

试题四　参考答案及评分标准

一、判断题（本大题共 10 个小题，每题 0.5 分，共 5 分）

1. √ 2. √ 3. × 4. × 5. √
6. × 7. √ 8. √ 9. × 10. ×

二、填空题（本大题共 15 小题，其中 1~14 题每空 0.5 分，共 30 分）

（填空用词要准确；如有错别字，该空不得分）

1. 结构材料、围护材料、功能材料（或承重结构材料、非承重结构材料、功能材料）
2. α、β；建筑石膏、高强石膏
3. 氢氧化钙；结晶、碳化
4. 干燥状态、气干状态、饱和面干状态、湿润状态
5. 筛分析；粗砂、中砂、细砂
6. 通用、专用、特性
7. 石灰质原料、黏土质原料、校正/辅助原料；延缓水泥的凝结时间
8. 筛析法，比表面积法；45min、390min（或 6h30min）；42.5、42.5R、52.5、52.5R、62.5、62.5R
9. 矿渣、粉煤灰、火山灰质混合材料
10. 4cm×4cm×16cm、150mm、70.7mm
11. 砌块、砌体、荷载
12. 沉入度、保水率
13. 减水剂、缓凝剂、早强剂、速凝剂、防冻剂、引气剂等
14. 碳素钢，合金钢；沸腾钢、镇静钢、半镇静钢
15. 混凝土用标准方法测得的强度总体分布中，具有 95% 保证率的抗压强度值；（1分）混凝土的抗冻等级能经受 100 次的冻融循环。（1分）

三、问答题（本大题共 4 个小题，共 40 分）

1. （共 12 分）

（1）石灰的性能：a. 可塑性好；b. 硬化慢、强度低；c. 硬化后体积收缩大；d. 耐水性差；e. 吸湿性强。（性能每条 1 分）

（2）应用：a. 石灰乳；b. 石灰砂浆；c. 石灰土和三合土；d. 制作硅酸盐制品。（应用每条各 1 分）

（3）石灰的存放：a. 磨细生石灰——防水防潮；b. 块状生石灰——应立即熟化成石灰浆，将储存期变为陈伏期。（存放 a 条 1 分，b 条 2 分）

2. (共 11 分)

(1) 因水泥中熟料少,凝结硬化较慢、早强低;(原因 1 分)
不宜用于要求早强高的工程;不宜用于有抗冻性要求的工程;适用于蒸汽养护的工程;水化热低,适用于大体积工程。(应用各 1 分)

(2) 因水化产物中 $Ca(OH)_2$ 含量少;(原因 1 分)
适用于有耐侵蚀要求的工程;不宜用于有抗碳化要求的工程。(应用各 1 分)个性:矿渣水泥耐热性强、抗渗性差;(1 分)粉煤灰水泥抗裂性好;(1 分)
火山灰质水泥抗渗性好。(1 分)

3. (共 4 分)
颗粒级配指砂颗粒相互搭配的情况(1 分);分为 Ⅰ 区、Ⅱ 区、Ⅲ 区(1 分)。
粗细程度指砂总体的粗细状况(1 分);按细度模数分为粗砂、中砂、细砂(1 分)。

4. (每个 1 分,共 5 分)
C25:混凝土立方体抗压强度等级;M7.5:砂浆立方体抗压强度等级;
MU20:砖的抗压强度等级;42.5R:水泥的强度等级;
Q235:碳素结构钢强度等级

5. (共 8 分)
水泥的体积安定性指水泥浆体硬化后体积变化的稳定性。(2 分)
原因:(1) 熟料中游离氧化钙过多(1 分),可用沸煮法(包括试饼法和雷氏法)测定(1 分)。
(2) 熟料中游离氧化镁过多(1 分);国标中对氧化镁的含量给予规定。(1 分)
(3) 生产水泥时掺入的石膏过多(1 分);国标中对三氧化硫的含量给予规定。(1 分)

四、计算题(本大题共 2 小题,共 25 分)

1. 答案(共 13 分)

(1) $f_{cu,0} = f_{cu,k} + 1.645\sigma = 30 + 1.645 \times 5.0 = 38.2 \text{MPa}$ (公式对得 1 分,结果算对得 1 分)

(2) $W/C = Af_{ce}/(f_{cu,0} + ABf_{ce}) = 0.60$ (公式对得 1 分,结果算对得 1 分)
上式中 $f_{ce} = 1.16 \times 42.5 = 49.3 \text{MPa}$ (1 分) 0.60 与最大水灰比 0.60 相比选 W/C 为 0.60 (1 分)

(3) 因为混凝土单位用水量取 175kg,所以 $C_0 = W_0/(W/C) = 175/0.60 = 292\text{kg}$ 与最小水泥用量 280 相比则 C 为 292kg。(2 分)

(4) 已知砂率取 36%,用体积法求 S 和 G
$$C_0/\rho_c + W_0/\rho_w + S_0/\rho_s' + G_0/\rho_g' + 1\alpha = 1$$
$$S_0/(S_0 + G_0) \times 100\% = S_p$$

联合求解得 S=696kg;G=1237kg (公式对得 2 分,结果算对得 2 分)
即初步配合比可表示为 315:650:1262=1:2.1:4.0 (1 分);水灰比为 0.60。

2. 答案(共 12 分)
(1) 计算试配强度 $f_{m,0} = kf_2 = 1.15 \times 10 = 11.5 \text{MPa}$ (公式对、σ_0 取对、计算正确各

得 1 分)

(2) 计算水泥用量 $Q_c = 1000(f_{m,0} - \beta)/\alpha f_{ce} = 1000 \times (11.5 + 15.09)/3.03 \times 42.5 \times 1.13 = 183$ kg

因为 183＜200，所以水泥用量按 200kg 采用。(公式对、f_{ce} 对、计算正确、比较各得 1 分)

(3) 计算石灰膏用量＝350－200＝150kg。石灰膏稠度 100mm 换算成 120mm，得 150×0.97＝145.5kg。(计算正确、换算稠度各得 1 分)

(4) 计算砂用量 $Q_s = 1500 \times (1 + 2\%) = 1530$ kg (计算正确得 1 分)

(5) 可取用水量 300kg，扣除砂中所含水量，$Q_w = 300 - 1500 \times 2\% = 270$ kg (计算正确得 1 分)

(6) 砂浆试配时各材料为 200∶145.5∶1530∶270＝1∶0.73∶7.65∶1.35 (用比例形式表示，得 1 分)

参 考 文 献

［1］ 李宏斌，任淑霞．土木工程材料［M］．北京：中国水利水电出版社，2010．
［2］ 苏达根．土木工程材料［M］．第二版．北京：高等教育出版社，2008．
［3］ 宓永宁，娄宗科．土木工程材料［M］．北京：中国农业大学出版社，2005．
［4］ 龚爱民．建筑材料［M］．郑州：黄河水利出版社，2009．
［5］ 伍必庆．道路建筑材料材料［M］．北京：人民交通出版社，2007．
［6］ 中华人民共和国国家标准．GB 175—2007 通用硅酸盐水泥．北京：中国标准出版社，2008．
［7］ 中华人民共和国行业标准．JGJ 55—2011 普通混凝土配合比设计规程．北京：中国标准出版社，2011．
［8］ 吴芳．土木工程材料概要习题题解［M］．重庆：重庆大学出版社，2006．
［9］ 邬建华．土木工程材料同步辅导及习题精解［M］．西安：陕西师范大学出版社，2006．
［10］ 李宏斌，任淑霞．建筑材料［M］．北京：中国水利水电出版社，2013．